应急队伍教育培训
质量手册 上

国网宁夏电力有限公司 组编

贺 文 主编

中国电力出版社
CHINA ELECTRIC POWER PRESS

图书在版编目（CIP）数据

应急队伍教育培训质量手册：全 3 册 / 国网宁夏电力有限公司组编；贺文主编. —北京：中国电力出版社，2023.11
　　ISBN 978-7-5198-7982-2

　　Ⅰ. ①应…　Ⅱ. ①国…②贺…　Ⅲ. ①电力工业−突发事件−安全管理−中国−手册　Ⅳ. ①TM08-62

　　中国国家版本馆 CIP 数据核字（2023）第 129299 号

出版发行：中国电力出版社
地　　址：北京市东城区北京站西街 19 号（邮政编码 100005）
网　　址：http://www.cepp.sgcc.com.cn
责任编辑：雍志娟
责任校对：黄　蓓　常燕昆
装帧设计：郝晓燕
责任印制：石　雷

印　　刷：三河市万龙印装有限公司
版　　次：2023 年 11 月第一版
印　　次：2023 年 11 月北京第一次印刷
开　　本：710 毫米×1000 毫米　16 开本
印　　张：25
字　　数：297 千字
印　　数：0001—1000 册
定　　价：120.00 元（全 3 册）

编 写 组

主　　编　　贺　文

副 主 编　　何建剑　　杨熠鑫　　惠　亮　　姚宗溥

编写人员　　杨　宁　　汪　毅　　蒋惠兵　　李　翔　　张　扬

　　　　　　何鹏飞　　康晓锋　　姜蓓蓓　　熊　辉　　杨长安

　　　　　　王益坤　　吕　鑫　　张　雷　　权婧琦　　赵柏涛

　　　　　　李芳敏　　扈　毅　　崔　波　　张　宁　　安文福

　　　　　　王　宏　　金玉林　　刘世鹏　　扈　斐　　李　敏

前　言

以中国式现代化推进应急管理体系和能力建设，既是一项紧迫任务，又是一项长期任务。长期以来，以习近平同志为核心的党中央对应急管理工作高度重视，国家电网公司始终高度重视应急管理工作，认真贯彻落实党中央、国务院决策部署，全面落实各级安全责任，电网领域安全生产形势稳中向好。国家电网公司与应急管理部密切合作，深入推进电力大数据与应急管理融合应用，抓紧抓实抓好各项工作举措，支撑服务应急管理工作高质量发展。多年来，国网宁夏电力有限公司一直强调"要强化应急能力建设，组织开展应急技能竞赛，常态化开展专项实战演练，提升应急队伍能力，筑牢安全生产最后一道防线"。

推进实施电力应急队伍职业化建设，正确定位队伍在电力应急抢修、应急救援、应急教育和日常生产中的角色，以队伍管理、工作规程、评估管理三个方面为重点和突破点，构建应急队伍教育培训质量机制，实现应急队伍教育培训效益的最大化，促进队伍建设长远发展，为应急队伍集中培训和个人自主学习提供有力支撑，助力公司应急救援基干队伍建设的可持续发展，提高公司电力应急精准处置与救援能力，降低应急事件造成的影响和损失，对保障电网安全和可靠供电起到了重要作用。

应急队伍教育培训质量手册在编制过程中，参考了国内大量应急管理培训成果，得到了国内行业有关专家及公司领导的精心指导，在此一并致谢！

鉴于编者学识水平有限，手册中不足之处在所难免。在此恳请广大读者海涵，并赐教指正。

编　者
2023 年 10 月

目 录

中　册

下　　册

第 1 章

总　则

1.1　编制目的

为充分发挥国网宁夏电力有限公司（以下简称"公司"）系统内部人才资源培养与应急队伍管理工作中发挥的作用，激励优秀人才担任兼职应急培训师（以下简称"培训师"）和应急救援基干队员，建立一支技能过硬、能打胜仗、高效运转的培训师和应急救援基干队伍，实现培训师和应急救援基干队伍制度化、规范化管理，特编制本手册。

1.2　编制依据

本细则主要依据以下法律法规、标准制度及相关文件，结合电力生产特点和公司应急管理工作实际制定。

《中华人民共和国安全生产法》

《中华人民共和国安全生产应急事故条例》

《国家电网有限公司应急工作管理规定》

《国家电网公司兼职培训师管理办法》

《国家电网公司应急救援基干分队管理规定》

1.3　适用范围

本细则适用于公司系统各部门、单位及直属单位培训师与应急救援基干队伍管理工作。集体企业参照执行。

第 2 章

培训师管理

2.1　培训师队伍组成

（1）公司培训师队伍由省、市、县培训师组成。

（2）公司培训师按照培训业务分为管理类、技能类两大类。

2.2　培训师主要职责

（1）执行本单位或上级单位下达的应急培训教学任务。

（2）积极参加应急培训项目开发和资源建设工作，参与培训师和应急救援基干队伍建设工作。

（3）定期参加公司组织的各类应急专业教研活动，结合实际工作，提出应急专业培训工作的意见或建议。

（4）积极探索新的培训方式和方法，加强业务学习，不断提高授课技能。

（5）发生突发事件时，配合开展应急处置技术指导工作。

2.3　培训师选聘与管理

2.3.1　选聘条件

（1）具有良好的道德修养作风优良、爱岗敬业、身体健康。

（2）工作期间，未出现重大差错并产生恶劣影响和后果。

（3）具有中级及以上专业技术资格，从事 3 年及以上应急专业工作经验或专门的应急技术、技能或管理特长。能力和业绩特别突出的，可适当放宽选聘标准。

（4）具有较好语言表达能力，具备传授知识、经验或辅导他人操作实践的能力，具有一定的计算机应用能力。

（5）能独立讲授所兼任的课程，能熟练使用计算机和各种电教设施。

（6）善于与他人进行沟通，乐于与他人进行知识和经验分享。

2.3.2　遴选范围

公司系统内的应急专家和应急救援基干队员。

2.3.3　选聘程序

（1）公司各单位根据应急培训工作需要，在本单位范围内组织开展培训师选聘工作，一般按照发布通知、个人自愿申报、资质审核、信息入库等程序进行。

（2）申报人员填写申报材料，经本部门（单位）领导审核，报送安全监察部。申报材料主要包括基本信息、工作经历、工作业绩等内容。

（3）选聘工作小组对申报人选的素质进行综合评价，合格后，聘为本单位培训师，并报上级安全监察部备案。

2.3.4　培训师聘用

（1）培训师通过选聘工作小组审核后，将培训师基本信息纳入安全监察部培训师信息库中统一管理。根据培训师年度考核结果，每年底将考核不合格者及其他不符合条件者进行退库处理。

（2）培训师实行评、聘分开的管理模式，一般聘期为一年，到期自动解聘，每年滚动更新。

2.3.5　培训师管理

2.3.5.1　日常管理

（1）培训师要服从公司统一调配，积极承担培训教学任务。对无正当理由拒不执行调配任务的，取消培训师资格，并在公司系统予以通报批评。

（2）培训师应加强应急管理、技能、培训教学等专业知识学习，提升教学技能素质，主动适应培训师岗位的工作要求。

（3）培训师应按照应急工作要求参加教研活动、教材开发、科研项目研发等工作。

（4）培训师应协助公司做好应急专业人才培养，提升公司应急专业人才储备数量。

（5）培训师应指导本单位相关部门做好应急管理日常工作，提高应急管理规范性。

（6）培训师应积极参与公司各类突发事件应急处置工作，提高突发事件应急处置效率。

（7）完成交代的其他工作。

2.3.5.2　培训管理

（1）培训师由公司各级安全监察部进行选派和管理，培训师接到培训任务通知后，到指定地点按时报到。

（2）培训师对本次培训教学工作承担的任务应遵照相关部门安排进行，培训前对所承担的课程，准备完整的纸质教案、电子教案、教学课件等资料。

（3）培训师在上课之前应熟悉教学环境，对于实操课程必须提前熟悉场地环境，提前做好设备设施的准备工作。

（4）培训师上课前应整理个人仪容仪表，着装符合教学要求，课前对学员点名考勤。对于学员出勤异常要及时联系培训组织部门（单位）相关人员，并做好相关记录。

（5）培训师应遵守培训教学作息时间安排，执行培训日程安排，不得擅自更改时间、地点。

（6）培训师对实操教学中涉及的安全规范要对学员进行告知和强调，保证教学过程的人员和设备设施安全。

（7）培训师在培训教学完成后，应将教案、课件提交给培训组织部门（单位）进行归档保存。

（8）培训师应按照组织部门（单位）的安排进行学员考核相关工作，如出卷、阅卷、核定成绩等工作。

（9）完成交代的其他工作。

2.3.6 培训师激励与考核

（1）培训师承担培训教学任务期间，工资、奖金、津贴及福利待遇按原岗位保持不变（按工作量考核兑现奖金的单位，按不低于原岗位同级别人员的平均水平发放），由所在单位承担。

（2）培训师任课期间的交通费和住宿费由所在单位承担，费用标准按有关财务规定执行。

（3）培训师承担培训教学任务，按照培训教学工作量，参照相关规定，由培训机构（或用人单位）给予一定数额的津贴（含税）。

（4）公司及各单位对表现突出的培训师，可依据安全奖惩相关规定给予奖励。

（5）公司及各单位对表现突出的培训师，在年度应急专业评优选先时优先可虑。

2.3.7 培训师考核

（1）培训师考核分项目考核和年度考核两种方式。项目考核由培训机构（或用人单位）负责，年度考核由公司、各单位安全监察部负责；考核结果均要反馈培训师本人和所在单位，并记入培训师档案。

1）项目考核。采用学员测评和培训机构（或用人单位）测评相结合的方式，在培训项目结束后进行。测评结果作为年度考核的重要内容。

2）年度考核。每年底进行，考核结果分为优秀、良好、合格、不合格四个级别。考核合格及以上的继续聘任，不合格的解聘。

（2）培训师的考核内容：

1）项目考核。包括授课内容、授课能力、授课方式、授课效果和工作态度等内容。

2）年度考核。包括培训教学任务完成情况、培训项目开发、课件开发、参加教研活动、参与培训设施建设情况，以及对培训工作的建议、工作态度等内容。

2.3.8 培训师解聘

培训师达到退休年龄，或出现下列情形之一者，取消认证资格：

（1）触犯国家法律法规，损害公司利益和荣誉。

（2）因工作失误，玩忽职守，给公司带来重大经济损失和造成不良社会影响。

（3）发生重大培训教学事故。

（4）其他原因应该取消资格的。

附件：制度文件

国家电网有限公司教育培训项目管理办法

第一章 总 则

第一条 为深入落实国家电网有限公司（以下简称"公司"）发展战略，规范教育培训项目管理，提高职工教育培训经费（以下简称"职教经费"）使用效益，依据国家有关法律法规、中央有关规定，以及公司教育培训、综合计划和全面预算等管理制度，制定本办法。

第二条 本办法所称教育培训项目（以下简称"项目"），是指为持续提升职工队伍素质而开展的职工培训、人才评价、培训开发和培训购置等项目，是职工教育培训各项工作的载体。教育培训项目经费来源于（或占用）依法计提、并在成本中列支的职教经费。

第三条 项目管理坚持"人资归口、专业负责、分级管理、分级实施"原则，实行公司级、省公司级（含公司直属单位，下同）、地市公司级（含省公司层面业务支撑和实施机构，下同）三级管理，县供电企业项目纳入地市公司级统一管理。

第四条 本办法适用于公司总部（分部）及所属各级全资、控股单位的项目管理。公司各级参股、代管单位以及集体企业项目管理参照执行。

第二章 职 责 分 工

第五条 各级人力资源部门是项目及经费的归口管理部门，各级专业部门是本专业项目管理的责任部门，各级培训机构（含人才评价机构，下同）是项目实施机构。

第六条 国网人资部履行以下职责：

（一）贯彻落实党和国家教育培训工作方针、政策和法规，制定公司项目管理相关制度。

（二）提出公司系统职教经费总控目标。

（三）审核省公司级单位职教经费，组织开展限上项目可研评审与批复。

（四）组织编制公司级专项计划和预算，并协助专业部门组织实施。

（五）对各单位项目管理进行指导、检查、考核和评估。

第七条 省公司级单位人力资源部门履行以下职责：

（一）贯彻落实党和国家教育培训工作方针、政策和法规，执行公司项目管理有关制度与规定。

（二）组织本单位及所属单位开展项目需求征集与分析、项目论证、项目储备。

（三）审核地市公司级单位职教经费，组织开展本单位限下项目、省公司级零星项目评审与批复。

（四）组织编制省公司级专项计划和预算，并协助专业部门组织实施。

（五）对所属单位项目管理进行指导、检查、考核和评估。

第八条 地市公司级单位人力资源部门履行以下职责：

（一）贯彻落实党和国家教育培训工作方针、政策和法规，执行上级单位项目管理有关规定。

（二）组织本单位及所属单位开展项目需求征集与分析、项目论证、项目储备。

（三）编制地市公司级专项计划和预算，并协助专业部门组织实施。

（四）对所属单位项目管理进行指导、检查、考核和评估。

第九条　各级单位专业部门履行以下职责：

（一）开展培训需求分析，提出本专业项目。

（二）审核培训方案、课程及师资等，对培训内容进行把关；组织实施项目。

（三）对项目质量进行验收。

第十条　各级培训机构履行以下职责：

（一）协助专业部门开展培训需求调查与分析，编制专项计划。

（二）承办并具体实施各类项目，开展效果评估。

第三章　项　目　分　类

第十一条　项目按照管理内容分为职工培训项目、人才评价项目、培训开发项目和培训购置项目四类。

第十二条　职工培训项目包括经营类培训、管理类培训、技术类培训、技能类培训、服务类培训，以及送出培训等。

（一）经营类培训、管理类培训、技术类培训、技能类培训、服务类培训为按照培训内容及对象划分的各类培训班。

（二）送出培训为根据工作需要，经本单位批准，到本单位之外接受的培训，包括系统内送出培训和系统外送出培训。

第十三条　人才评价项目包括人才选拔与考核、能力等级评价、竞赛调考等。

（一）人才选拔与考核包括系统外部人才和内部人才选拔，以及人才定期考核。

（二）能力等级评价包括专业技术资格评定、技能等级认定、职（执）业资格认证等。

（三）竞赛调考包括技能竞赛、知识竞赛和专业调考。

第十四条 培训开发项目包括培训策划及评估、培训资源开发、培训应用工具开发及维护、网络大学应用及维护等。

（一）培训策划及评估是指项目需求调研、方案策划、课程设计和质量评估等。

（二）培训资源开发是指培训规范、课件、教材、案例和题库等资源开发。

（三）培训应用工具开发及维护是指培训教学工具、培训仿真软件、培训管理辅助工具等开发与维护。

（四）网络大学应用及维护是指网络大学运营管理、在线项目实施、功能完善与推广应用等。

第十五条 培训购置项目包括培训教材资料购置、培训教学教具及材料购置、培训设备设施购置（或占用职教经费额度）等。

（一）培训教材资料购置是指直接用于开展培训的出版物（含电子出版物）、软件、网络培训账号和其他版权归属明确的实物或网络培训资源购置。

（二）培训教学教具及材料购置是指直接用于开展培训的教学教具、低值易耗材料等的购置。

（三）培训设备设施购置是指直接用于开展实训的设备设施等的购置。

第十六条 项目按照储备金额（不含学员食宿及交通费用）分为限上、限下和零星项目。

（一）限上项目：单项费用总额 300 万元以上的项目。

（二）限下项目：单项费用总额在 100 万元以上且不超过 300 万元的项目。

（三）零星项目：单项费用总额在 100 万元及以下的项目；系统

内送出培训项目。

第四章　项目储备、计划和预算管理

第十七条　项目储备。各级单位按照项目管理权限分级组织开展下一年度项目需求编制、评审、批复、储备入库工作。拟储备的项目应结合实际进行需求调查和立项论证，限上、限下项目须开展可行性研究，分别由公司总部、省公司级单位负责审核批复。零星项目须做好方案设计或需求说明，由省公司级单位自行规定审核批复权限。项目储备总体规模应大于当年专项计划规模，未进入储备库的项目不能纳入年度专项计划和预算。

第十八条　总控目标确定。各单位提出下一年度教育培训投入总额等总控目标，公司总部审核通过后，按不低于职工工资总额1.5%、不超过 8%的比例确定总控目标并下达。

第十九条　专项计划和预算编制下达。各单位根据公司确定的总控目标及编制指导意见，自行选取储备项目形成本单位专项计划和预算，纳入公司综合计划和全面预算草案。

第二十条　专项计划调整。各单位自行按照管理权限履行有关决策程序后开展计划和预算调整。

第二十一条　项目经费列支范围包括人工费、资料费、设备材料费、场地费、住宿费、伙食费、交通费、公杂费、项目管理费、外委费、服务费、培训考试费、报名费、奖励金、杂费、购置费及国家有关政策、文件规定的其他与教育培训相关的费用。项目经费列支范围见附件。

第二十二条　项目经费管理实行综合定额标准和分项费用标准双控模式。综合定额标准按人天、人次等核定，是编制项目经费的上限；分项费用标准是人工费等单项费用开支的上限。综合定额标准与分项费用标准均由公司根据物价水平、市场行情等定期调整，统一发布。

第二十三条　除学员住宿费、伙食费和交通费之外，项目经费按照综合定额标准编制，实行总额控制、分项调剂使用。

第二十四条　学员参加培训产生的住宿费、伙食费和交通费，在综合定额标准外单独核算，按公司差旅费管理有关规定执行。

第二十五条　职工个人参加与岗位工作相关的人才评价和职（执）业资格培训，遵循自愿原则，相关费用可由所在单位和个人合理分担。单位负担相关费用的，应依法约定双方的权利义务，对职工义务的限定应当与单位所负担费用相匹配。

第五章　项　目　实　施

第二十六条　项目实施包括自主实施、合作实施和外部采购三种形式。自主实施是指项目全部由本单位实施；合作实施是指项目部分工作委托外部机构实施；外部采购是指项目全部委托外部机构实施。

第二十七条　项目应以自主实施为主，确不具备实施条件的，由专业部门或承办培训机构按规定履行审批程序后，方可进入采购程序委托外部机构实施。

第二十八条　委托外部机构实施的项目，须严格执行国家有关法规和公司物资（服务）采购相关规定，合理选择采购方式，依法签订合同。各级单位应加强对供应（服务）商的管理，建立履约能力和服务质量评价及信息共享机制。

第二十九条　严禁在项目经费中列支以下费用：职工未经批准、自行参加的各类人才评价、职（执）业资格认证等应由个人承担的有关费用；各级单位董事、监事、各级领导班子成员参加学位学历教育培训的相关费用；购置生产经营用设备装备时约定由卖方或第三方对操作人员进行技术培训的费用；与培训无关的其他费用。

第三十条 各种项目实施形式中，公司内部职工师资费均不得超过内部师资费标准上限。培训学时按实际发生计算，每半天不超过 4 学时。

第三十一条 系统外师资费标准，参照中央和国家机关事业单位有关规定执行。

第三十二条 项目费用超出综合定额标准或分项费用标准的，由主办部门提出申请，人力资源部门审核，经本单位专业和教育培训分管领导批准后方可在项目内部调剂。

第三十三条 职工培训项目（不含送出培训项目）的组织实施。

（一）各级人力资源部门依据专项计划和预算，编制下达年度培训班计划。计划变更应由主办部门提出申请，人力资源部门审核。

（二）培训机构配合主办部门根据年度培训计划制定培训实施方案，培训机构或人力资源部门下发培训通知。培训机构（承办单位）按照培训实施方案和通知，组织开展培训班报名、授课或实训、学员日常管理等，并配合开展过程管理和质量评估。

（三）坚持厉行节约原则，培训师资以内部职工为主，培训场地优先考虑内部资源，注重运用大数据、"互联网+"等现代信息技术手段开展培训和管理。

（四）各级单位 15 天以上培训班可颁发培训合格证书，证书由各级单位人力资源部门统一管理。

第三十四条 送出培训项目组织实施。

（一）参加系统内送出培训。由对口专业部门报备人力资源部门后，选派人员参加。

（二）参加系统外送出培训。由各级对口专业部门提出申请，经人力资源部门审核、本单位专业分管领导审批后，选派人员参加。

（三）各级领导班子成员、副处级及以上领导人员参加系统外各类培训，按管理权限由组织人事部门批准后参加，报人力资源部门备案。

第三十五条 竞赛调考项目组织实施。

（一）项目申报。竞赛调考项目由专业部门提出，人力资源部门审核。每个专业部门每年举办竞赛调考项目不超过 1 项，每项竞赛调考不超过 3 个专业（工种），同一专业（工种）竞赛调考周期不少于 3 年。省公司级单位每年参加公司竞赛调考之外，自办竞赛调考不超过 2 项。

（二）方案编制与印发。主办部门制定竞赛调考实施方案，选定承办单位，会签人资部、工会和相关部门后印发。方案应包括组织机构及职责、组队方式和选手资格、主要内容、组织规则、成绩计算方法、日程安排、承办单位和表彰（通报）方式等。

（三）组织实施。各级各类竞赛调考要严控持续时间，精简赛制，不举行开闭幕式。严禁超长时间、违规集训，技能竞赛集训不得超过 14 天，知识竞赛集训不得超过 7 天，专业调考严禁集训。

（四）表彰奖励。技能竞赛和知识竞赛设团体一等奖 1 名、二等奖 2 名、三等奖 3 名，优秀组织奖不超过参赛单位数量的 20%，个人奖不超过决赛人数的 10%，颁发荣誉证书。技能竞赛（公司统一组织或经公司备案同意的各单位技能竞赛）或参与国家、部委及地方政府竞赛的获奖个人可授予相应级别"技术能手"荣誉称号，颁发荣誉证书，并给予一次性物质奖励。专业调考可对组织情况和调考成绩进行通报。

第三十六条 人才选拔与考核、能力等级评价项目组织实施，按照公司有关人才管理规定执行。

第三十七条 培训开发项目组织实施。承办单位在主办部门指导下，依据项目方案或可研报告，撰写项目说明书、实施计划书，成立项目组，实行项目进度"里程碑"节点控制。项目实施过程中，如发生技术路线或主要内容等重大事项调整，必须履行专项计划调整程序。

第三十八条 各类项目组织实施均应认真落实中央"八项规定"精神和公司党组贯彻落实中央"八项规定"实施细则的实施办法，不得以职工教育培训为由安排疗养、境内外旅游，严格执行"七不一禁"（不安排会餐聚餐、不安排全体性合影留念、不安排接送站、不制作背景板、不摆放花草和水果茶点、不配置洗漱用品、不组织营业性娱乐和健身活动，严禁以任何名义组织旅游和发放纪念品、礼品、购物卡、代金券、有价证券、土特产等），参加人员实行"四严"管理（统一安排食宿的培训项目，严禁参加人员在外留宿或携同无关人员，严禁外出就餐，严禁自带公务车，严格执行请销假制度），坚持"谁主管、谁负责""管业务必须管安全"原则，做好应急预案和技术保障措施，确保人身设备安全。

第六章 项 目 验 收

第三十九条 项目结束后，承办单位提供项目验收佐证材料，主办部门组织验收，重点项目人力资源部门参与验收。自主实施项目质量与承办单位企业负责人业绩考核挂钩；合作实施和外部采购项目质量作为合同履约的主要依据。

第四十条 职工培训项目和人才评价项目验收采用文件资料审查等方式开展，验收内容主要包括质量评估、项目过程记录、经费使用情况等。

第四十一条 培训开发项目验收应成立专家组，采取现场考察、书面评议、网络评审、会议验收、委托第三方机构评估等方式开展，验收内容主要包括项目规范性、预期目标完成情况、推广应用价值、经费使用情况等。

第四十二条　培训购置项目按照公司固定资产、零星购置等制度规定，做好建卡、实物保管、折旧和报废等工作。

第四十三条　未通过验收的项目要限期整改，不得进行费用结算。存在以下情况之一者不予验收：

（一）严重偏离项目开发的内容和预期目标；

（二）提供的验收资料不规范、不完整、不真实；

（三）项目开发过程及结果存在纠纷尚未解决；

（四）经费使用中存在不合理、不规范支出。

第四十四条　项目验收后，承办单位整理验收资料进行归档，并推进电子化处理；主办部门应组织项目成果推广应用。

第七章　监　督　考　核

第四十五条　各级单位人力资源部门建立定期检查和不定期抽查机制，对项目立项组织、实施过程、经费使用、验收组织和实施效果等情况进行检查，定期通报检查结果。

第四十六条　各级单位依托信息系统，建立月度、季度、年度检查分析制度，强化项目执行事中、事后管控。

第四十七条　各级单位审计部门结合人力资源专项审计，加强对项目经费使用情况的审计监督。

第四十八条　各级单位财务部门根据有关规定，严控项目经费列支范围和标准，严格报销程序管理。

第八章　附　　则

第四十九条　本办法由国网人资部负责解释并监督执行。

第五十条　本办法自 2019 年 5 月 1 日起施行。原《国家电网公司教育培训项目管理办法》[国家电网企管〔2014〕273 号之国网（人资/4）213—2014]、《国家电网公司专业竞赛管理办法》[国家电网企管〔2014〕1042 号之国网（人资/4）325—2014]和《国家电网公司培训班管理办法》[国家电网企管〔2014〕1553 号之国网（人资/4）511—2014]同时废止。

国家电网公司培训项目质量管理办法

第一章 总 则

为深入落实国家电网公司（以下简称"公司"）人力资源集约化管理要求，加强培训项目质量管理，严格项目实施过程控制，推进项目管理规范化，切实提高培训效果，依据中华人民共和国国家标准《质量管理培训指南》GB/T 19025—2001（ISO10015：1999）、《国家电网公司培训班管理办法》（国家电网企管〔2014〕1553 号），制订本办法。

培训项目质量管理是指在对项目设计策划、组织实施、评估验收等环节进行管理和控制，确保各环节目标明确、责任清晰、措施可行、管控到位，各项管理指标有据可查，项目质量可测可控。

本办法适用于公司总（分）部、全资及控股单位组织的各级各类员工培训项目。代管单位、集体企业参照执行。

第二章 职 责 分 工

国网人资部是公司系统培训项目质量的归口管理部门，负责制定培训项目管理制度，督导、检查各单位项目完成情况和重点项目成果验收，落实考核措施，组织总结提炼和交流推广典型经验。

公司总部各专业部门负责结合本专业年度重点工作任务，提出专业年度培训重点，指导各单位进行项目储备，制定培训项目计划。

各级单位人力资源部门是本单位培训项目质量归口管理部门，负责审定有关过程性文件、项目资料，对项目实施过程进行监督、检查，组织对项目成果进行评估和验收，并组织对本单位培训项目质量管理工作进行考核。

各级单位专业部门是培训项目质量监督部门，负责组织开展本专业管理范围的项目设计策划、资料审核及评估验收，指导培训机构组织项目实施。

各级培训机构是培训项目质量责任主体，负责配置培训资源、实施学员管理、提供培训服务和后勤保障等，建立和管理项目资料档案，配合开展项目设计策划和评估验收等工作。

第三章　培训项目设计策划

项目设计策划由主办部门主导、培训机构配合，通过设计策划形成《培训实施方案》，作为印发培训通知、实施培训项目和进行质量评价的主要依据。

《培训实施方案》应包括培训目的、培训对象及名额、培训时间及地点、培训方式、费用预算、培训内容、师资安排、培训评估类别及实施者、培训班负责人、专业部门意见等。

培训师资由主办部门和培训机构根据培训课程目标共同选聘，内部师资能够满足培训需要的，不得聘请外部师资。内部管理、技术类培训师应理论扎实、具有 3 年以上专业工作经历或中级及以上专业技术资格；内部技能类培训师应技艺精湛、具有 3 年以上实操经验或技师及以上技能等级。外部培训师应专业突出、行业认可，并具有或相当于副高级及以上专业技术资格。

培训项目印发资料和讲义（课件）必须经主办部门审核，并在培训开始前进行确认，努力做到培训资料标准化、结构化、体系化。培训内容须符合党的路线、方针、政策和公司发展战略、目标，符合相关法律、法规、标准、规范、规程要求。严禁使用未经审核的培训资料。

第四章 培训项目组织实施

主办部门对项目组织全过程负责，培训方案、师资选聘、课程设置、培训资料、费用预算等须经主办部门审核确认后，培训机构方可实施。

培训通知由各级单位人力资源部门印发，提前通知送培单位和学员，明确培训对象、时间、地点、内容、收费标准及有关要求。

培训机构要编制培训指南，在学员报到时发放给学员。培训指南内容应包括培训日程安排、培训课程及师资、考试考核方式、培训纪律要求、食宿安排、教学及后勤服务联系方式等。

培训机构要选派责任心强、熟悉培训管理业务的人员担任班主任，主办部门应安排专人全程跟班，共同做好培训组织与学员管理工作。

培训机构要提前做好培训场地、设备设施、教学用具、培训资料、食宿后勤等准备工作，保证培训项目按期顺利进行。

培训机构要在培训前与培训师资充分沟通，确保授课内容与课程目标保持一致，出现较大偏差时，应报主办部门核准。培训过程中要了解和掌握培训师授课内容，及时纠偏纠错，防止不符合要求的内容、资料扩散。

培训机构要建立并严格执行学员考勤、请销假、培训纪律、考试考核等管理制度，切实加强学员管理，保证培训效果。

（一）学员出勤、上课纪律、交流研讨等全部纳入考核。学员累计请假时间不得超过当期培训总课时的1/5，但最长不得超过5天，超出者按退学处理。不允许无故旷课或擅自离开培训机构，一经发现，责令退学，并按公司员工奖惩规定处理。

（二）学员参加培训期间不再承担所在单位的工作、会议、出国

（境）考察等任务，如因特殊情况确需请假的，必须严格履行请假手续。学员请假须向本单位人力资源部提出书面申请，报主办部门批准，审批通过后向培训机构班主任提交书面请假条，不得口头或委托他人请假。

（三）学员必须自己动手撰写发言材料、学习体会、调研报告和论文等，不准请人代写，不准抄袭他人成果。

（四）学员须住在培训机构，吃在内部食堂。学员之间不得相互宴请，班级、小组不得以集体活动为名聚餐吃请，不准接受和赠送纪念品、礼品、购物卡、代金券、有价证券、土特产等，不得接待以探望为名的各种礼节性来访。严禁带公车参加培训，严禁家属、秘书等陪读。

要严格落实中央八项规定要求，认真执行"七不一禁"，厉行节约，严控成本。培训期间不得组织与培训内容无关的参观考察，特殊情况需经主办部门所在单位分管领导批准，且地点必须与培训机构在同一城市。

培训机构应在培训结束 10 个工作日内填写《学员培训情况反馈表》，经主办部门审核后，及时反馈学员所在单位。反馈内容包括学员出勤、考试成绩、遵守纪律等情况，以督促学员端正学习态度，提升学习主动性。

培训机构应对培训资料及时归档，以备人力资源部门进行培训质量抽查。培训资料主要包括培训实施方案、培训通知、预算单、结算单、教师酬金领用表（或协议）、学员签到表及成绩单、培训效果评估结果及改进意见书、培训项目验收意见表等。

第五章　培训项目评估验收

培训项目效果评估分为反应评估（一级）、学习评估（二级）、行为评估（三级）和效益评估（四级）四个层次。评估结果作为项目验收的主要依据，并用于改进后续培训组织，持续提升培训质量。

（一）反应评估（一级）的目的是了解学员对项目实施、管理服务的满意度。主要内容是对培训课程、师资水平、教学管理和后勤服务等进行评价。评估主要采用问卷调查、反馈表等方式。学员评价在培训结束时完成，培训机构组织填写《培训项目反应评估及改进意见书》，并使用《培训反应评估（一级）数据统计表》对评估数据进行汇总统计。

（二）学习评估（二级）的目的是衡量学员在知识、技能、态度和行为上对培训内容的理解和掌握程度。主要内容是对培训大纲知识点、行为点的掌握程度进行测试。评估主要采用考试、考核等方式。学员考试考核在培训期间或结束时进行。培训机构汇总并填写《学员考试成绩单》《培训项目学习评估及改进意见书》。

（三）行为评估（三级）的目的是衡量学员在培训后运用所学内容使其行为改善的程度。主要内容是对所学知识技能实际应用的范围、使用频率、工作成就和绩效改进情况、用人单位的满意度和支持度等进行评价。评估在培训结束3～6个月后进行，由学员及其所在部门或班组负责人填写《培训项目行为评估及改进意见书》，人力资源部门汇总分析形成评估报告。

（四）效益评估（四级）的目的是衡量培训项目对公司安全生产、经营管理、科技进步等方面的综合影响。主要内容是培训前后有关数据的分析比较、培训成本和绩效分析等。评估在培训结束6～12个月后进行，由人力资源部门或其委托机构填写《培训项目效益评估及改进意见书》并形成评估报告。

培训项目一级、二级评估由培训机构组织实施，主办部门配合；三级、四级评估由人力资源部门牵头，专业部门和学员代表配合，由委托机构具体实施。

（一）所有培训项目都必须进行一级评估。

（二）时间 3 天及以上的培训项目都要进行二级评估。

（三)时间 30 天及以上或费用在 100 万～200 万元的培训项目都要进行三级评估。

（四）费用 200 万元以上或对公司生产经营、科技进步影响较大培训项目都要进行四级评估。

培训项目验收由人力资源部门负责组织，主办部门会同培训机构填写《培训项目验收意见表》并提供佐证材料，人力资源部门逐项审核确认。验收内容主要包括一级和二级评估结果、培训经费使用情况等。

培训项目验收结果分为 A（优秀）、B（良好）、C（合格）、D（不合格）四个等级。

（一）一级评估综合测评得分在 100（不含）～115（含），且二级评估学员考试平均成绩在 90 分以上，认定为 A 级（优秀）。

（二）一级评估综合测评得分在 90（不含）～100（含），且二级评估学员考试平均成绩在 75（含）～90（含）分，认定为 B 级（良好）。

（三）一级评估综合测评得分在 80（含）～90（含），且二级评估学员考试平均成绩在 60（含）～75（不含）分，认定为 C 级（合格）。

（四）出现下列情形之一，认定为 D 级（不合格）：一级评估综合测评得分低于 80、二级评估学员考试平均成绩低于 60 分、违规使用培训经费等。

第六章　质量考核与监控

各级单位人力资源部门要建立培训项目质量督查常态机制，培训项目质量与各级培训机构业绩考核及学员当期绩效考核挂钩。

培训项目验收结果纳入各级培训机构年度业绩考核，验收结果为 D 级的项目，费用报销 50%，其余费用由培训机构自行承担。

3 天及以上的培训项目必须进行闭卷考试或实际操作考核，3 天以下的通过课后作业、学习心得等方式进行考核。学员考核综合成绩纳入个人绩效考核，成绩不合格的，当期绩效考核结果不得高于 C 级。

各级培训机构应加强培训项目实施记录、评估验收、员工培训档案等资料和数据的信息化管理，促进培训结果在业绩考核、人才选拔、评优评先中的应用。

第七章　附　　则

由公司系统外培训机构承办的培训项目，参照本办法执行，并由双方签订培训合同，明确培训质量管理要求和标准。

本办法由国网人资部负责解释并监督执行。

本办法自 2017 年 4 月 15 日起施行。

国家电网公司兼职培训师管理办法

第一章 总 则

第一条 为充分发挥国家电网公司（以下简称"公司"）系统内部人才资源在员工培养与开发中的作用，激励优秀人才担任兼职培训师，促进兼职培训师管理工作的制度化和规范化，制定本办法。

第二条 兼职培训师是指由公司各级单位按规定条件和程序从所属员工中择优推荐并认证合格，兼职从事培训教学、培训项目开发、培训资源建设等工作的人员。

第三条 兼职培训师实行分级分类管理。兼职培训师按管理层级分为公司级、省公司级、地市公司级三个等级；按能力认证等级分为初级、中级、高级三个级别；按培训业务分类分为管理类、技术类和技能类三大类。

第四条 兼职培训师管理坚持统一认证、统筹调用、定期考核、动态调整的原则。

第五条 本办法适用于公司总（分）部、各单位及所属各级单位（含全资、控股单位）兼职培训师管理工作。

代管单位和集体企业参照执行。

第二章 职 责 分 工

第六条 兼职培训师队伍建设工作在公司统一领导下，统筹规划、统一标准、分级管理、分步实施。国网人资部是归口管理部门。

第七条 国网人资部的主要职责是：

（一）负责制定公司兼职培训师队伍建设与管理相关制度。

27

（二）负责公司级兼职培训师选聘与管理。

（三）负责组织建立公司兼职培训师信息库。

（四）负责国网高培中心、国网技术学院兼职培训师的统一调配，优化配置使用。

（五）负责指导、监督、检查、考核公司各单位兼职培训师队伍建设工作。

第八条 各级单位人力资源部门的主要职责是：

（一）负责贯彻落实公司兼职培训师队伍建设的相关规定。

（二）负责落实公司下达的兼职培训师队伍建设任务和兼职培训师调配计划，按照要求向上级单位推荐兼职培训师人选。

（三）负责本单位兼职培训师的选聘与管理。

（四）负责建立和维护本单位兼职培训师信息库。

（五）负责本单位所属培训中心兼职培训师的统一调配工作。

（六）负责指导、监督、检查所属单位兼职培训师队伍建设工作。

第九条 各级专业职能部门的主要职责是：

（一）负责推荐本专业范围内符合条件的优秀员工参加兼职培训师选拔认证。

（二）负责协助进行本专业兼职培训师的遴选、培训和认证工作，协助做好兼职培训师考核管理。

（三）负责为兼职培训师承担培训教学、项目开发及资源建设等任务提供便利条件。

第十条 国网高培中心和国网技术学院的主要职责是：

（一）负责开展高级兼职培训师的培训和认证工作。

（二）负责制定兼职培训师任职资格标准和培训标准，编制培训教材。

（三）负责编制兼职培训师的需求计划，为兼职培训师提供工作条件，并负责兼职培训师任教期间的业绩考核评价。

（四）负责指导省公司培训中心开展初级、中级兼职培训师的培训和认证工作。

第十一条 省公司级培训中心的主要职责是：

（一）负责组织初级、中级兼职培训师的培训和认证工作。

（二）负责编制兼职培训师的需求计划，为兼职培训师提供工作条件，并负责兼职培训师任教期间的业绩考核评价。

第十二条 兼职培训师的主要职责是：

（一）执行本单位及上级单位下达的培训教学任务。

（二）积极参加培训项目开发和培训资源建设工作，参与人才培养和开发工作。

（三）定期参加培训中心组织的教研活动，提出培训工作改进建议。

（四）积极探索创新培训方式和方法，加强业务学习，不断提高授课技能。

第三章 遴 选 与 认 证

第十三条 兼职培训师遴选工作一般按照个人自愿申报、组织推荐、专题培训、考核认证、信息入库的程序进行。

第十四条 兼职培训师的基本条件：

（一）具有良好的道德修养及较高的理论水平，作风优良，爱岗敬业，热爱培训工作，身体健康。

（二）具有所从事专业扎实的理论基础和丰富的实践经验，以及专门的技术、技能或管理特长。具有较强学习能力，创新意识强，知识更新快。

（三）具有较好语言表达能力，具备传授知识、经验或辅导他人操作实践的能力，具有一定的计算机应用能力。

（四）具有中级及以上专业技术资格，或技师及以上职业资格，并具有 5 年以上工作经验。能力和业绩特别突出的，可适当放宽选聘标准。

第十五条 兼职培训师的遴选范围：

兼职培训师的遴选范围为公司系统内符合本办法第十四条规定的长期在岗员工。其中：

（一）初级兼职培训师的遴选对象为地市供电公司及所属单位（包括县供电企业）、省公司所属专业公司、公司直属单位所属二级单位符合条件的员工。

（二）中级兼职培训师的遴选对象为省公司（公司直属单位）本部员工、省公司级优秀人才，连续三年承担培训教学、项目开发及资源建设等任务且考核评价为良好及以上的初级兼职培训师。

（三）高级培训师的遴选对象为公司总部员工、公司级优秀人才，以及连续三年承担培训教学、项目开发及资源建设等任务且考核评价为良好及以上的中级兼职培训师。

鼓励退居二线的科级及以上人员及技术技能专家担任兼职培训师，发挥知识传授和技艺传承作用。

第十六条 兼职培训师遴选与认证的一般程序为：

（一）各级单位成立由人力资源部门、专业职能部门和所属培训中心相关人员组成的兼职培训师遴选和认证工作小组，发布遴选和认证工作通知。

（二）员工根据通知要求填写申报材料，经所在部门审核、单位推荐，报送工作小组。

（三）工作小组对申报人员进行初步审查后，根据公司兼职培训师培训标准组织培训。其中，国网高培中心和国网技术学院定期举办高级兼职培训师培训班，省公司级培训中心定期举办中级、初级兼职培训师培训班。

（四）工作小组根据公司兼职培训师任职资格标准，组织兼职培训师认证考核，对考核认证通过人员，颁发资格证书。高级兼职培训师资格证书由国网人资部颁发；初级、中级兼职培训师资格证书由省公司（直属单位）人力资源部门颁发。

第十七条 兼职培训师认证考核分为知识考试和授课技能考核两部分。两项考核均采用百分制，成绩均达到 60 分及以上者为合格。

（一）知识考试采用闭卷笔试方式，考试内容主要包括成人教育心理理论、现代企业培训理念、人力资源开发与培训、教学设计和授课方法、培训课程开发等。

（二）授课技能考核内容主要包括理论讲课或实训指导、普通话考评、课件制作、培训方案设计等。其中，课件制作是必考内容。

第十八条 具备一定条件者，经本人申报、单位推荐、相应级别的兼职培训师遴选和认证工作小组审定，可确认兼职培训师任职资格。

（一）符合以下条件之一者，可以确认高级兼职培训师资格：

1. 两院院士、国家级专家人才；

2. 公司总部、省公司（直属单位）本部正处级及以上干部；

3. 公司级优秀人才、省部级及以上技术能手，且近两年承担培训授课任务达到 80 学时以上。

（二）符合以下条件之一者，可以确认中级兼职培训师资格：

1. 公司级专家人才；

2. 省公司（直属单位）本部正科级及以上干部；

3. 省公司级优秀人才、省公司级技术能手，且近两年承担培训授课任务达到 80 学时以上。

（三）符合以下条件之一者，可以确认初级兼职培训师资格：

1. 省公司级专家人才；

2. 地市公司级单位本部正科级及以上干部（具有中级及以上职称）；

3. 地市公司级优秀人才、地市公司级技术能手，且近两年承担培训授课任务达到 80 学时以上。

第十九条 公司建立兼职培训师信息库，持证兼职培训师基本信息纳入公司网络大学师资队伍信息平台统一管理，并与公司 ERP 系统人资管控模块实现管理信息同步维护。根据兼职培训师年度考核结果，每年底将考核不合格者及其他不符合条件者进行退库处理。

第四章　聘　用　与　培　养

第二十条 兼职培训师实行评聘分开的管理模式。按照管理层次分为公司级、省公司级、地市公司级三个级别聘用。兼职培训师聘期三年，到期自动解聘。

第二十一条 兼职培训师按工作形式分周期制和项目制两种。

（一）周期制是指在一段时间内（三个月及以上），全职在培训中心承担培训任务的工作形式。

（二）项目制是指根据培训项目实施需要，短时间承担某一项目短期培训任务的工作形式。

第二十二条 兼职培训师按使用方式分为调用式和聘用式。

（一）调用式是指上级单位选聘下级单位的兼职培训师从事上级单位组织的培训相关工作，通过调用通知下达选聘计划的方式。

（二）聘用式是指邀请本单位以外的兼职培训师从事本单位组织的培训相关工作，通过聘书或邀请函通知兼职培训师及所在单位的方式。

第二十三条　周期制兼职培训师适用调用式选聘程序。各级培训中心根据培训工作计划安排，提出周期制兼职培训师的需求计划，经同级人力资源部门审核、领导审批后，形成师资调配计划，以文件形式通知兼职培训师所在职能部门或单位。

第二十四条　项目制兼职培训师适用聘用式选聘程序。各级培训中心根据工作需要，提出项目制兼职培训师选聘计划，与拟聘任项目制兼职培训师所在职能部门或单位沟通，协商一致后发送聘书或邀请函确认。

第二十五条　为保持和提高兼职培训师的业务水平和培训能力，公司定期组织兼职培训师培训班，对持证兼职培训师进行分级培训。各级培训中心按照职责分工，根据公司发布的兼职培训师培训标准组织专题培训班，不断强化兼职培训师的培训业务技能，保证兼职培训师队伍素质稳步提升。

第二十六条　为培养骨干兼职培训师，公司鼓励专兼职培训师双向挂岗。公司级兼职培训师分批到国网高培中心和国网技术学院挂岗任教，省公司级兼职培训师到省公司培训中心分批挂岗，地市公司级兼职培训师到地市公司培训中心交叉任教。同时，支持公司各级培训中心专职培训师与兼职培训师换位顶岗，强化实践技能训练。

第二十七条　公司组织高级兼职培训师积极承担公司培训创新研发任务、积极开展教育培训课程研究。组织优秀兼职培训师开展对外交流活动和专题调研活动，促进兼职培训师队伍不断更新理念、拓宽视野。

第二十八条　公司定期组织兼职培训师培训技能竞赛，省公司层面可组织选拔赛或省公司级竞赛，促进优秀兼职培训师脱颖而出。

第五章　激　励　与　考　核

第二十九条　兼职培训师承担公司系统内培训教学、项目开发及资源建设等任务期间，工资、奖金、津贴及福利待遇按原岗位保持不变（按工作量考核兑现奖金的单位，按不低于原岗位同级别人员的平均水平发放），由所在单位承担。

第三十条　兼职培训师承担培训教学任务期间的交通费由派出单位承担、食宿费由培训机构承担，费用标准按公司有关财务规定执行。

第三十一条　兼职培训师承担培训教学任务，按照培训教学工作量，由培训中心（或用人单位）支付一定数额的讲课费。兼职培训师讲课费标准另行下发。

第三十二条　兼职培训师培训业绩考核分项目考核和年度考核两种方式。项目考核由培训中心（或用人单位）负责，年度考核由各级单位人力资源部门负责；考核结果均反馈兼职培训师本人和所在单位，并记入兼职培训师信息库。

（一）项目考核。包括授课内容、授课能力、授课方式、授课效果和工作态度等内容，采用学员测评和培训机构（或用人单位）评价相结合的方式，在培训项目结束后进行。其中，学员测评（授课满意率）占比 70%，培训机构评价占比 30%。评价结果作为年度考核的重要内容。

（二）年度考核。包括年度培训教学任务完成情况、参与培训项目开发、培训设施建设情况等，每年底进行。考核结果分为优秀、良好、合格、不合格四个等级，其中考核成绩 90 分及以上为优秀，80—89 分为良好，60—79 分为合格，60 分以下为不合格。

第三十三条　年度考核方法

（一）年度培训业绩考核总成绩中，培训教学任务完成情况考核占比 80%，参与培训项目开发、培训设施建设情况等考核占比 20%。仅安排培训授课等单项任务时，任务完成情况按照百分制考核，满分 90 分。未安排培训任务者，年度培训业绩考核以合格计。

（二）考核年度内既按照项目制承担培训任务、又按照周期制承担培训任务时，项目制任务绩效考核成绩和周期制任务绩效考核成绩分别占考核总成绩的 20%、80%。

（三）项目制兼职培训师年度考核成绩按所承担全部培训项目考核成绩的平均值计算。

（四）周期制兼职培训师的年度考核成绩由用人培训机构综合评定。

第三十四条　兼职培训师的培训工作业绩将作为遴选公司优秀专家人才的重要依据。

第三十五条　各级单位每年举行一次优秀兼职培训师评选表彰活动，评选比例原则上不超过 10%。优秀兼职培训师下一年度内，享受以下待遇：

（一）公司级优秀兼职培训师课酬上浮 5%，省公司级优秀兼职培训师课酬上浮 10%，地市公司级优秀兼职培训师课酬上浮 15%。

（二）各级优秀人才遴选时，在人才培养方面给予优秀兼职培训师两倍加分。

（三）优先推荐优秀兼职培训师参加各级单位先进个人评选。

第三十六条　兼职培训师达到退休年龄，自动解聘。出现下列情形之一者，取消兼职培训师资格：

（一）触犯国家法律法规、危害国家利益、违反职业道德、损害公司利益和荣誉；

（二）因工作失误，玩忽职守，给公司带来重大经济损失和造成不良社会影响；

（三）发生重大培训教学事故；

（四）年度培训业绩考核不合格；

（五）连续两年未承担培训任务者；

（六）其他原因应该取消资格者。

第三十七条　兼职培训师要服从本单位统一调配，积极承担培训教学、项目开发及资源建设等任务。对无正当理由拒不执行调配任务的，取消兼职培训师资格，本人年度绩效考核按不合格处理。

第三十八条　周期制兼职培训师任职期间，所在单位要保留其原工作岗位；任职期满，考核良好及以上的，所在单位对其工作要从优安排，确保不低于原工作岗位待遇。

第三十九条　积极承担人才培养与开发工作是公司系统各级各类优秀专家人才和各级单位职能部门负责人应尽的义务，各单位要加强对基层单位派出兼职培训师人数及其工作质量的考核，考核结果纳入企业教育培训和人才培养工作考核范围。

第六章　附　　则

第四十条　本办法由国网人资部负责解释并监督执行。

第四十一条　本办法自 2014 年 9 月 1 日起施行。原《国家电网公司兼职培训师管理办法》（国家电网人资〔2009〕1309 号）同时废止。

国网宁夏电力有限公司培训中心培训项目
工作量计算办法

第一章 总 则

第一条 为进一步明确国网宁夏电力有限公司培训中心（以下简称"培训中心"）培训项目管理权限，规范培训项目工作量计算，特制定《国网宁夏电力有限公司培训中心培训项目工作量计算办法》（以下简称"办法"）。

第二条 本办法适用于培训中心承担培训项目工作的各类人员。

第二章 管 理 权 限

第三条 培训管理部负责承接并统一安排上级单位下达的各类培训项目，负责培训中心各类培训项目的协调、安排、监督、检查和评估。专业培训部门负责承办培训项目的策划、管理和组织实施。

第四条 专业培训部门根据工作职责，按照培训管理部培训项目计划安排，承担相应的培训项目。专业培训部门拟承接的各类培训项目，必须事先向培训管理部提出申请，经审核纳入培训中心培训计划方可进行。

第三章 计 算 方 式

第五条 培训项目工作包括培训项目前期准备、过程管理、项目结束后的资料汇总与费用结算等。

第六条 培训项目类别定为 A、B、C 三类。

（一）A 类：执行《国网宁夏电力有限公司培训中心培训管理手

册》并为项目提供教学服务的各类培训项目。

（二）B类：按相关资质管理部门要求并为项目提供教学服务的培训项目（技能鉴定、电工进网作业、特种作业安全培训等）和负责策划、组织并承担部分授课任务的培训项目。

（三）C类：由培训中心提供教学资源、场地、食宿服务及培训项目管理的培训项目及公司各类会议、竞赛、调考、集训、考试等。

第七条　培训项目系数确定：

（一）A类：培训数量为200人/天，培训项目数为1.0。低于0.5时以0.5计。

（二）B类：培训数量为300人/天，培训项目数为1.0。低于0.4时以0.4计。

（三）C类：培训数量为400人/天，培训项目数为1.0。低于0.3时以0.3计。

第八条　培训项目经理参加监考按每小时0.05个标准项目计算工作量。

第九条　一个月及以上的脱产长期培训项目，项目系数每整月按2.0核定。不足整月的项目，当月实际工作天数满两周以上的按1.0计算，不满两周的按实际天数计算。

第十条　重点培训项目可配备二名项目经理。此类项目由承办部室申报，培训管理部审核确定。

第十一条　有外出培训考察内容的培训项目以及本办法未涉及的培训项目，由培训管理部参照办法中相关条款，提出项目系数意见，报培训中心主任办公会议审批。

第四章　统　计　办　法

第十二条　专业培训部门于每月最后一天上报培训项目经理工

作量统计，培训管理部负责审核并将统计结果于次月 3 个工作日前进行公示。

第十三条　培训管理部每年年终将培训项目经理全年工作量进行汇总公布，记入个人业务考核档案。

第十四条　培训项目经理工作量超量津贴按年度统一核算发放。

第五章　附　　则

第十五条　本办法由培训管理部负责解释，报培训中心主任办公会研究批准。

本办法自 2018 年 4 月 1 日起执行。

国网宁夏电力有限公司安全工作奖惩
实施细则（试行）

第一章 总 则

为落实各级安全生产责任制，建立健全安全激励约束机制，引导干部职工做好安全工作，依据《国家电网公司表彰奖励工作管理办法》（国家电网企管〔2014〕273 号）、《国家电网公司员工奖惩规定》（国家电网企管〔2014〕1553 号）和《国家电网公司安全工作奖惩规定》（国家电网企管〔2015〕266 号）等制度，结合实际，公司制定了国网宁夏电力有限公司安全工作奖惩实施细则（以下简称"细则"）。

公司坚持安全目标管理和安全过程管控相结合，实行按绩施奖、以责论处、奖罚分明的奖惩原则。坚持精神鼓励与物质奖励，党纪、纪律处分与经济处罚相结合。

公司对实现安全目标、安全生产过程规范、安全工作突出的给予表扬和奖励；对发生安全事件（事故）或安全工作不到位的予以追责和处罚。

本细则适用于国网宁夏电力有限公司本部各部门及所属各单位。集体企业（含农电服务公司）参照执行。

第二章 职 责 分 工

公司各级安质部是安全奖惩工作的归口管理部门，负责牵头组织编制安全奖惩制度标准并监督执行。组织审查安全奖励和处罚事项，提出奖惩建议。牵头组织安全事件（事故）调查，对照本细则提出安全事件（事故）的相关处罚意见。

公司各级运检部、营销部、科信部、建设部、调控中心等部门负责涉及本专业安全奖惩事项的审核。根据需要开展安全事件（事故）调查，提出涉及专业管理反事故措施，以及相关人员的处理意见。

公司组织部和人资部，负责落实对相关单位和责任人员的奖惩。

第三章 表 扬 和 奖 励

公司设立年度安全专项奖励资金，额度不低于公司工资总额的1.5%（以年度公司批准的预算金额为准），用于兑现本细则所列奖励项目，在公司职工工资总额中专款专用，不得挪用。

各单位应按照公司拨付的安全奖金额度分层级设立安全奖励资金。依照本细则编制本单位年度安全奖惩实施方案，细化奖惩标准，经本单位党委会和职工代表团（组）长联席会议审议通过后，以文件形式上报公司安质部、人资部备案。

安全奖励分为公司级和地市级。重点向承担主要安全责任和风险的单位（部门）、集体、班组和个人倾斜。公司及各单位在安全奖金逐级分配时，基层单位一线人员奖金占比不少于80%。

公司级奖项设置为年度安全奖和季度安全奖两类。

（一）年度安全奖

1. 年度安全目标奖

对实现年度安全目标的公司本部各部门、各单位给予物质奖励。（见附件1）

2. 年度安全生产先进奖

（1）对公司调控中心、公司所属各地市供电公司、检修公司、信通公司、送变电公司实现年度安全目标的单位及做出突出贡献先进个人上报国网公司申请表彰。

（2）对公司年度安全生产工作中成绩突出的先进单位（部门）、集体、班组及个人给予通报表扬和物质奖励。（见附件2）

3. 110（66）千伏及以上输变电设备年度跳闸控制奖

110（66）千伏及以上输变电设备跳闸次数同比上年度下降的地市供电公司、检修公司给予物质奖励。年度跳闸次数同比降低10%（含）～100%的，单位奖励20000～200000元，同比每降低10%，奖励增加20000元；年度无跳闸的，单位奖励200000元。

4. 换流站控制系统和110（66）千伏及以上继电保护年度正确动作奖年度换流站控制系统或者110（66）千伏及以上继电保护正确动作率达到100%的地市供电公司、检修公司，按照设备资产最高电压等级奖励。

设备资产电压等级为660千伏及以上的，单位奖励50000元；330千伏的，单位奖励40000；220千伏的，单位奖励30000元；110（66）千伏的，单位奖励20000元。

（二）季度安全奖

1. 季度安全贡献奖

对实现季度安全目标，安全责任大、风险高的单位设立季度安全贡献奖，给予物质奖励。（见附件3）

2. 季度安全生产过程管控奖

季度安全生产过程管控成绩突出的单位（部门）（以下简称单位），符合下列条件的，给予物质奖励。

（1）发现重大安全隐患、家族性或全局性设备缺陷，并及时采取有效防范措施避免事件（事故）的，或者积极协调属地完成重大安全隐患整治的，660千伏及以上电压等级奖励30000～50000/个；220千伏至330千伏奖励10000～30000元/个；110（66）千伏奖励

10000 元/个；35 千伏及以下奖励 5000 元/个。

（2）及时规范准确发布风险预警，采取针对性风险管控措施，顺利完成重大安全风险管控的，四级电网风险或较复杂的四级及以上施工风险，主要承担单位奖励 50000～80000 元，配合单位奖励 10000～30000 元；三级电网风险或五级施工风险，主要承担单位奖励 80000～120000 元，配合单位奖励 30000～50000 元。

（3）圆满完成作业人员超过 200 人作业面超过 10 个的大型综合复杂作业现场安全管控，组织管理效果良好的，主要承担单位奖励 50000～80000 元，配合单位奖励 10000～30000 元。

（4）及时处置严重影响公司信息通信系统安全稳定运行的漏洞和异常的，单位奖励 10000～30000 元。

（5）各类特种作业人员取证 100%符合要求的，单位奖励 10000～30000 元。参加公司《安规》考试人员 100%合格的，单位奖励 30000～50000 元。

（6）应急能力体系建设成效突出，大型跨地市应急演练组织有序、效果良好的，主要承担单位奖励 30000～50000 元，配合单位奖励 10000～30000 元。圆满完成社会影响大、持续时间长、动用资源多的重大活动现场保电，主要单位奖励 50000～80000 元，配合单位奖励 20000～30000 元。

（7）工程现场安全质量管控规范，实现"零缺陷"投产移交，一次性投运成功，试运行平稳的，750 千伏及以上工程，建设单位奖励 50000～80000 元，验收单位奖励 30000～50000 元；330 千伏工程，建设单位奖励 30000～50000 元，验收单位奖励 10000～30000 元；220 千伏工程，建设单位奖励 20000～40000 元，验收单位奖励 10000～20000 元。

（8）积极上报质量事件，质量事件评价指数对标排名公司前 3

名的，单位奖励 10000～30000 元。

（9）安全专项工作开展效果显著，或迎接国网公司及以上安全检查，受到书面表扬的，单位奖励 10000～30000 元。

（10）安全技术和装备研发、安全管理创新、企业文化安全领域落地建设等方面取得明显成效，其典型经验、成果具有良好的推广价值的，或者解决了安全生产管理或技术难题，降低了重大安全风险的，或者圆满完成公司或上级单位下达的安全、质量和应急试点研究工作的，单位奖励 20000～30000 元。

（11）发现重大火情，及时报告积极参与扑救，避免发生重大火灾事故的，单位奖励 10000～50000 元。

（12）公司安全巡视工作组成员奖励基准每季度 3000 元/人，由公司安质部对安全巡视抽借人员工作质量按季评价，依据评价结果兑现奖励。

（13）公司认定的其他安全奖励事项，单位奖励标准参照相关条款执行。

地市级奖项设置为地市年度安全奖和地市季度安全过程管控奖两类。

（一）地市年度安全奖

1. 各单位对实现年度安全目标的集体给予物质奖励，评选标准参照公司年度安全目标奖（见附件 1）执行。

2. 各单位对年度安全生产工作中成绩突出的先进集体、班组及个人给予通报表扬和物质奖励，评选标准参照公司年度安全生产先进奖（见附件 2）执行。

（二）地市季度安全过程管控奖

安全生产过程管控到位，安全工作成绩突出，符合以下条件的集体、班组和个人给予通报表扬和物质奖励。

1. 制止违章、误操作，避免发生安全事件（事故）的，个人奖励 1000～2000 元。每季度评选的无违章班组和无违章个人（见附件4)给予奖励,无违章班组奖励 100～500 元/人,无违章个人奖励 500～1000 元。

2. 每季度评选的千项操作无差错、工作票执行无差错、百次配电带电作业奖和输电带电作业奖给予表扬和奖励，个人奖励 300～3000 元。（见附件 5)

3. 发现安全隐患、严重或危急设备缺陷、信息通信安全漏洞和通信系统异常，并及时采取有效防范措施避免安全事件（事故）的，个人奖励 500～2000 元。

积极督促二级及以上重要电力用户或 10 千伏及以上供电大客户完成影响电网安全隐患整改的，集体奖励 300～3000 元/个。

4. 及时准确发布五级及以下电网风险预警，采取针对性风险管控措施，顺利完成安全风险管控，工作成效良好的，依据管控复杂程度五级电网风险，集体奖励 3000～6000；六级电网风险，集体奖励 1000～2000。

5. 110（66）千伏及以下建设工程、农配网改造、小型基建等现场安全质量管控规范，工程"零缺陷"移交的，建设工程，集体奖励 2000～5000 元/个；农配网改造工程，集体奖励 500～5000 元/个（批次）；小型基建，集体奖励 500～3000 元/个。

6. 发生设备跳闸、信息通信网络中断等安全事件（事故）时积极应对、科学处置、措施得力，有效地防止了事件（事故）扩大的；在紧急抢修抢险任务中，安全快速恢复设备运行或用户供电，或者有效减少经济损失的，集体奖励 4000～8000 元。应急演练组织周密，圆满完成演练科目，成效良好的，集体奖励 3000～5000 元。

7. 质量监督管理中及时发现物资、工程等质量问题，减少或避免了万元以上经济损失的，集体奖励 500～2000 元/个。主动调查统计质量事件，经公司审核归档后，110（66）千伏及以上质量事件奖励 600 元/起，35 千伏及以下质量事件奖励 300 元/起。

8. 安全培训到位，人员安全资质 100%满足要求，参加上级单位安全培训考试 100%合格的，集体奖励 1000～3000 元。参加安全生产相关竞赛、调考等成绩优异，或者受到表彰的，国网公司级以上的，集体奖励 4000～8000 元，个人奖励 3000～5000 元；公司级的，个人奖励 1000～3000 元（参加公司《安规》考试成绩满分的，个人奖励 1000 元/人）；单位级的，个人奖励 500～2000 元。

9. "两票"逐级审核、核查评价及时完善，合格率 100%的；防误操作系统功能完善、运行正常，锁具管理制度严格，维护管理到位，完好率 100%的；安全工器具（个人防护用品）配置齐全，存放规范，记录完整，使用正确的，集体奖励 1000～3000 元。安全行车 5 万公里无事故的，个人奖励 3000 元。

10. 安全技术、安全管理创新、安全文化落地等方面取得明显成效的，集体奖励 3000～5000 元。解决安全生产管理或技术难题，有效降低安全风险的，集体奖励 4000～6000 元。

11. 地市级安全稽查大队成员季度奖励基准 1500 元/人，由地市安质部对安全稽查大队抽借人员工作质量按季度评价，依据评价结果兑现奖励。

12. 各单位认为有必要奖励的其他事项，奖励标准自行制定。

同一单位、集体、班组或个人因同一原因获得不同等级奖励，按最高标准执行，不重复奖励。同一奖励事项涉及两个或两个以上单位的，根据评定的安全贡献，分别给予奖励。

安全奖金按照安全责任、安全风险、安全贡献大小分配，并落实到人。

第四章　处　　罚

处罚对象：因失职、渎职、违章、违反劳动纪律等影响安全生产过程控制的行为和安全生产不作为的责任者，或造成八级及以上安全事件（事故）发生的有关责任者。

发生安全事故单位党、政责任人按照一岗双责、同奖同罚的原则进行相应的处罚。

公司所属各级单位发生特别重大事故（一级人身、电网、设备事件），按以下规定处罚：

（一）负主要及同等责任

1. 对公司有关责任部门负责人给予记大过至撤职处分。

2. 对事故责任单位（基层单位）主要领导、有关分管领导给予降级至撤职处分。

3. 对主要责任者所在单位二级机构（工地、分场、工区、室、所、队等，下同）负责人给予撤职至留用察看两年处分。

4. 对主要责任者、同等责任者给予解除劳动合同处分。

5. 对次要责任者给予留用察看两年至解除劳动合同处分。

6. 对上述有关责任人员给予 30000～50000 元的经济处罚。

（二）负次要责任

1. 对公司有关责任部门负责人给予记过至撤职处分。

2. 对事故责任单位（基层单位）主要领导、有关分管领导给予记大过至撤职处分。

3. 对主要责任者所在单位二级机构负责人给予降级至留用察看一年处分。

4. 对主要责任者、同等责任者给予留用察看两年至解除劳动合同处分。

5. 对次要责任者给予留用察看一年至解除劳动合同处分。

6. 对上述有关责任人员给予 20000～40000 元的经济处罚。

公司所属各级单位发生重大事故（二级人身、电网、设备事件），按以下规定处罚：

（一）负主要及同等责任

1. 对公司有关责任部门负责人给予记过至撤职处分。

2. 对事故责任单位（基层单位）主要领导、有关分管领导给予记大过至撤职处分。

3. 对主要责任者所在单位二级机构负责人给予撤职至留用察看一年处分。

4. 对主要责任者、同等责任者给予留用察看两年至解除劳动合同处分。

5. 对次要责任者给予留用察看一年至解除劳动合同处分。

6. 对上述有关责任人员给予 20000～40000 元的经济处罚。

（二）负次要责任

1. 对公司有关责任部门负责人给予行政警告至记大过处分。

2. 对事故责任单位（基层单位）主要领导给予记过至记大过处分。

3. 对事故责任单位（基层单位）有关分管领导给予记过至撤职处分。

4. 对主要责任者所在单位二级机构负责人给予记大过至留用察看一年处分。

5. 对主要责任者、同等责任者给予留用察看一年至解除劳动合同处分。

6. 对次要责任者给予留用察看一年至两年处分。

7. 对上述有关责任人员给予 10000～30000 元的经济处罚。

公司所属各级单位发生较大事故（三级人身、电网、设备事件），按以下规定处罚：

（一）负主要及同等责任

1. 对公司有关责任部门负责人给予记过至降级处分。

2. 对事故责任单位（基层单位）主要领导、有关分管领导给予记过至撤职处分。

3. 对主要责任者所在单位二级机构负责人给予记大过至撤职处分。

4. 对主要责任者、同等责任者给予留用察看一年至解除劳动合同处分。

5. 对次要责任者给予记大过至留用察看两年处分。

6. 对上述有关责任人员给予 10000～30000 元的经济处罚。

（二）负次要责任

1. 对公司有关责任部门负责人给予通报批评。

2. 对事故责任单位（基层单位）主要领导给予通报批评或行政警告处分。

3. 对事故责任单位（基层单位）有关分管领导给予行政警告处分。

4. 对主要责任者所在单位二级机构负责人给予记过至记大过处分。

5. 对主要责任者、同等责任者给予留用察看一年至两年处分。

6. 对次要责任者给予记大过至留用察看一年处分。

7. 对上述有关责任人员给予 10000～20000 元的经济处罚。

公司所属各级单位发生一般事故（四级人身、电网、设备事件），按以下规定处罚：

（一）人身事故

1. 对事故责任单位（基层单位）主要领导、有关分管领导给予通报批评或行政警告至记过处分。

2. 对主要责任者所在单位二级机构负责人给予行政警告至降级处分。

3. 对主要责任者给予记过至解除劳动合同处分。

4. 对同等责任者给予记过至留用察看两年处分。

5. 对次要责任者给予行政警告至留用察看一年处分。

6. 对上述有关责任人员给予 10000～20000 元的经济处罚。

（二）其他事故

1. 对事故责任单位（基层单位）主要领导、有关分管领导给予通报批评。

2. 对主要责任者所在单位二级机构负责人给予通报批评或行政警告处分。

3. 对主要责任者给予记过至记大过处分。

4. 对同等责任者给予行政警告至记大过处分。

5. 对次要责任者给予行政警告至记过处分。

6. 对上述有关责任人员给予 5000～10000 元的经济处罚。

公司所属各级单位发生五级事件（人身、电网、设备、信息系统），按以下规定处罚：

（一）对主要责任者所在单位二级机构负责人给予通报批评。

（二）对主要责任者给予行政警告至记过处分。

（三）对同等责任者给予通报批评或行政警告至记过处分。

（四）对次要责任者给予通报批评或行政警告处分。

（五）对事故责任单位（基层单位）有关领导及上述有关责任人员给予 3000～5000 元的经济处罚。

公司所属各级单位发生六级事件（人身、电网、设备、信息系统），按以下规定处罚：

（一）对主要责任者给予通报批评或行政警告至记过处分。

（二）对同等责任者给予通报批评或行政警告处分。

（三）对次要责任者给予通报批评。

（四）对事故责任单位（基层单位）有关分管领导、责任者所在单位二级机构负责人及上述有关责任人员给予 2000～3000 元的经济处罚。

公司所属各级单位发生七级事件（人身、电网、设备、信息系统），按以下规定处罚：

（一）对主要责任者给予通报批评或行政警告处分。

（二）对同等责任者给予通报批评。

（三）对事故责任者所在单位二级机构负责人及上述有关责任人给予 1000～2000 元的经济处罚。

公司所属各级单位发生八级事件（人身、电网、设备、信息系统），按以下规定处罚：

（一）对主要责任者给予通报批评。

（二）对事故责任者所在单位二级机构负责人及上述有关责任人给予 500～1000 元的经济处罚。

发生违章，除给予通报批评外，对违章责任者给予"违章记分×100"元的经济处罚。公司或上级单位安全检查发现违章的加倍处罚。

安全生产违章记分被公司"红牌"警告的，给予责任单位 20000～30000 元经济处罚，单位负责人到公司"说清楚"；"黄牌"警告或发生"红线禁令"的，责任单位给予 10000～20000 元经济处罚。

工作质量不高导致重复停电的，按以下规定处罚：

（一）对负有主要及同等责任者给予1000～3000元的经济处罚。

（二）对负有次要责任者给予500～1000元的经济处罚。

发生非法互联网出口、未备案、未测评、弱口令、常见漏洞未整改、违规外联等网络安全违章事件，或发生有人员责任的信息通信A类故障（故障类别定义参照《国网信通部关于印发国家电网公司信息通信运行安全事件报告工作要求的通知》（国网信通运行〔2016〕177号文件）），除给予通报批评外，按以下规定处罚：

（一）对负有主要及同等责任者给予500～1000元的经济处罚；

（二）对负有次要责任者给予300～500元的经济处罚。

（三）运维管理责任不到位，发生有人员责任的信息通信A类故障，造成保护安稳业务中断的，给予加倍处罚。

（四）责任单位给予5000～10000元经济处罚。

发生继电保护及安全稳定装置误动或拒动、继电保护"三误"（误碰、误整定、误接线），或者换流站控制系统发生误动或拒动的，设备资产电压等级为660千伏及以上的，责任单位给予50000元经济处罚；330千伏的，责任单位给予40000元经济处罚；220千伏的，责任单位给予30000元经济处罚；110（66）千伏的，责任单位给予20000元经济处罚；35千伏的，责任单位给予5000元经济处罚；10千伏的，责任单位给予3000元经济处罚。

安全生产工作出现下列情况的，按照以下规定处罚：

（一）安全组织机构不健全的，安全责任制不完善的，责任单位给予30000～50000元的经济处罚。

（二）反违章安全稽查机制不健全，反违章工作开展不到位的，责任单位给予10000～20000元的经济处罚。

（三）重大隐患排查治理不到位或控制措施不落实的，责任单位给予10000～30000元经济处罚。未按月开展隐患排查治理定期评估的；隐患信息上报不及时，覆盖专业不全，隐患档案质量不高的，责任单位给予 3000～5000 元/起的经济处罚。用户安全隐患或用户设备缺陷造成 10 千伏至 35 千伏线路越级跳闸的，责任单位给予 500～1000 元/起的经济处罚；110 千伏至 220 千伏线路的，责任单位给予 1500～2500 元/起的经济处罚；330 千伏及以上线路的，责任单位给予 2500～3500 元/起的经济处罚。

（四）电网风险、输变电施工风险分析辨识不准确不全面，管控措施落实不到位的，责任单位给予 10000～30000 元经济处罚；电网运行、输变电施工风险预警发布、反馈不及时，评估定级不准确，反馈资料不齐全的，责任单位给予 3000～5000 元/起的经济处罚。

（五）输变电工程、小型基建分包管理不规范，存在以包代管的；建设安装验收把关不严格，投运后造成安全质量责任事件的，责任单位给予 30000～50000 元的经济处罚。

（六）安全事件或突发事件信息上报不及时、不准确，或者报送质量不高的，责任单位给予 10000～20000 的经济处罚；故意隐瞒 110（66）千伏及以上输变电设备跳闸信息的，责任单位给予 30000～50000 元的经济处罚。

应急管理工作出现下列情况的，按照以下规定处罚：

（一）未按照要求开展应急预案体系的修订、评审和发布的，责任单位给予 10000～30000 元的经济处罚。

（二）未按年度计划开展应急演练和应急培训的；迎峰度夏、重大活动应急值班不规范的，责任单位给予 10000～30000 元的经济处罚。

（三）重大保电任务未完成或完成质量不高的，责任单位给予 30000～50000 元的经济处罚。

（四）在灾情应急处置或事件（事故）抢修中工作不力，造成灾情或事件（事故）扩大的，责任单位给予 30000～50000 元的经济处罚。

质量监督管理工作出现下列情况的，按照以下规定处罚：

（一）质量监督管理工作不到位或未按要求开展质量监督工作的，或者故意隐瞒设备质量问题信息的，责任单位给予 10000～30000 元的经济处罚。

（二）电网统一身份编码建设和资产全寿命周期管理监督评价工作未按要求完成的，责任单位给予 10000～30000 元的经济处罚。

（三）质量事件调查上报不及时的，每迟报 1 天给予责任单位 300 元经济处罚；上报报告内容不准确的，每发现一处给予责任单位 300 元经济处罚。

安全培训不到位出现下列情况的，按以下规定处罚：

（一）《安规》考试不严格存在随意缺考和作弊抄袭，安全技能竞赛组织不力未完成竞赛项目，效果不佳的；安全生产人员（含外来人员）安全资质取证不全或未经安全培训考试合格的，责任单位给予 10000～30000 元经济处罚。

（二）参加国网公司《安规》考试集训的学员，学习态度不端正，成绩不佳的，每出现 1 人次所在单位给予 5000 元的经济处罚，个人给予 1000～2000 元经济处罚。未按照公司要求参加国网公司《安规》考试集训的，每出现 1 人次所在单位给予 10000 元的经济处罚。参加国网公司安全生产竞赛、调考成绩不合格，或者受到国网公司通报批评的，责任单位给予 30000～50000 元经济处罚，个人给予 3000～5000 元经济处罚。

（三）参加公司《安规》考试成绩不合格人员比例超过 20% 的，责任单位给予 10000～30000 元经济处罚；成绩 60 分以下人员给予 2000 元经济处罚，成绩不合格（90 分以下）人员给予 400～1000 元的经济处罚。成绩 60 分以下人员安排离岗培训，考试不合格人员补考合格后方可上岗。

安全基础管理不到位出现下列情况的，责任单位给予 10000～30000 元的经济处罚：

（一）未按要求执行公司领导干部和管理人员作业现场到岗到位工作要求的。

（二）安全性评价、应急能力评估、"两票"、防误闭锁、安全工器具（个人防护用品）、安保、消防、交通、电力设施保护、质量监督等各类安全质量和应急检查通报的问题未按要求整改到位的。

（三）安全大检查、迎峰度夏（冬）、安全月、质量月、安全生产问题清单梳理等安全、质量和应急专项活动未按要求完成工作任务或工作审核把关不严的。

公司所属各级单位发生特大、重大交通事故，依据事故调查结论，对有关单位和人员参照本细则第十九条、第二十条相关条款处罚。

发生火灾事故，按照国家法律法规和国网公司相关规定处理。

各单位应严格按照本细则要求开展安全奖惩工作，对平均分配奖金、人员处罚执行不到位等安全奖惩工作不规范的，责任单位给予 10000～30000 元的经济处罚。各单位应秉承实事求是的原则如实上报奖励申请，发现弄虚作假的，扣罚责任单位应发安全奖励金额的 30%。

同一单位或个人因同一原因获得不同等级处罚，按最高标准执行，不重复处罚。同一问题、事件涉及两个或两个以上单位的，根据事件调查结果确定的责任，分别进行处罚。

公司所属各单位半年内发生两次及以上本细则第十七条至第二十条考核的事故，对同一事故单位第 2 次及以上事故，按照相关条款上限或至少提高一个事故等级处罚。对安全性评价、安全大检查等发现确认的事件（事故）隐患，未采取措施及时解决或整改不力造成事件（事故）的，对责任单位进行从重处罚。

生产经营单位的主要领导、分管领导依照本细则受到撤职处分的，按有关规定执行。

公司所属各级单位发生事件（事故）后有下列情况之一的，根据事故类别和级别，对有关单位和人员按照本细则相关条款至少提高一个事故等级的处罚标准进行处罚，对主要策划者和决策人按事件（事故）主要责任者给予处罚。

（一）谎报或瞒报事件（事故）的。

（二）伪造或故意破坏事件（事故）现场的。

（三）销毁有关证据、资料的。

（四）拒绝接受调查或拒绝提供有关情况和资料的。

（五）在事件（事故）调查中作伪证或指使他人作伪证的。

（六）事件（事故）发生后逃匿的。

公司实行安全事件（事故）"说清楚"制度。发生六级及以上人身、电网、设备、信息系统安全事件（事故），事件（事故）单位主要领导要在事件（事故）发生后的一周内到公司"说清楚"。发生有人员责任的八级及以上人身、信息系统事件或七级及以上电网、设备安全事件，事件单位分管领导要在事件发生后的一周内到公司"说清楚"。

政府有关部门按照《生产安全事故报告和调查处理条例》（国务院令第493号）、《电力安全事故应急处置和调查处理条例》（国务院令第599号）等法规制度组织事故调查的，按政府部门处理意见执行。对事故相关责任人员进行了经济处罚的，公司不再对其进行经济处罚。

外来施工企业发生安全事故，依据事故调查结论，除严格执行承包合同和安全协议外，视事故性质和责任，在公司系统内给予通报、警告，停工整改、列入负面清单、黑名单等处罚。

第五章　奖　罚　程　序

奖励按照即时和定期相结合方式申请兑现。

公司即时奖励。公司本部相关部门、各单位发现处置重大隐患、完成四级及以上重大风险管控、重大保电任务等在安全生产工作中做出显著成绩，符合公司季度安全生产过程管控奖的，可以即时给予奖励。各部门、各单位奖励申请表（见附件6）经本部门、单位主要领导审批后，及时上报公司安质部。公司安质部组织相关部门审核会签，公司分管领导批准后，由公司人资部当月执行。

公司定期奖励。分为年度安全奖和季度安全奖两类。

（一）年度安全奖

1. 年度安全目标奖由公司安质部在次年1月组织评价，公司分管领导审批、公司党委会审议通过后，由公司人资部执行。公司本部各部门按照部门奖励系数和年度安全目标奖岗位分配系数（见附件1）分解到个人，由公司人资部执行。各单位按照各部门及二级机构奖励系数、年度安全目标奖岗位分配系数（见附件1）逐级进行分配，由各单位人资部执行。

2. 实现年度安全目标单位及实现安全目标中做出突出贡献先进个人的表彰申请（见附件7），公司调控中心、公司所属各地市供电公司、检修公司、信通公司、送变电公司在次年1月15日前上报公司安质部，经公司分管领导审批、公司党委会审议通过后，上报国网公司申请表彰。

3. 公司年度安全生产先进推荐名单（见附件8、附件9、附件

10），各单位在每年 12 月 25 日前上报公司安质部，经公司分管领导批准，在内网协同办公"通知公告"栏公示后，对先进集体、班组及个人进行表彰。

4. 110（66）千伏及以上输变电设备年度跳闸控制奖、换流站控制系统和 110（66）千伏及以上继电保护正确动作奖申请，各单位在次年 1 月 15 日前上报公司安质部。公司安质部组织公司相关部门审核会签，公司分管领导批准后，由公司人资部执行。

（二）季度安全奖

1. 季度安全贡献奖由公司安质部在下季度首月组织评价，公司分管领导批准后，由公司人资部执行，作为相关单位季度安全过程管控奖励资金。

2. 公司本部相关部门季度安全生产过程奖申报表（见附件 6），在下季度首月 15 日前上报公司安质部。

各单位安质部（或安全监督归口管理部门）应组织本单位相关部门对奖励事项进行安全贡献评价，确定安全生产过程奖申报项目，经本单位安委会审批，在内网协同办公"通知公告"栏公示，公示时间不少于 5 个工作日。各单位季度安全生产过程管控奖励申报表，在下季度首月 15 日前上报公司安质部。同时，上报本单位上季度安全专项奖励资金分配情况。

公司安质部组织相关部门对奖励申请审核会签，经公司分管领导批准后，由公司人资部执行。

地市级安全奖励申请由各单位班组、二级机构逐级上报，各级安质部（或安全监督归口管理部门）组织相关部门审核，经本单位安委会审批，在内网协同办公"通知公告"栏公示后，由本单位人资部执行。各类奖项奖金发放范围仅限于该奖项所涉及的集体、班组和个人，不得擅自扩大受奖集体和人员范围，确保受奖人员奖金足额发放。

各单位应严格遵守廉洁自律要求，严格执行本细则第四十五至第四十七条，做好安全奖励的评审和公示工作，严禁虚领、冒领或超标准发放奖金。强化过程监督，每年至少开展一次专项检查，确保安全奖励合理合规。

公司安质部依据《国家电网公司安全事故调查规程》（国家电网安质〔2016〕1033 号），对照本细则提出安全事件（事故）的相关处罚意见，经公司党委会审议通过后执行。

公司安质部依据本细则提出安全工作不到位事项的处罚建议，经公司相关部门审核会签，公司分管领导批准后，由公司人资部执行。

对单位、集体、班组和个人的经济处罚在当期安全奖励资金中直接扣除，作为下期安全奖励资金。各单位对所属集体、班组的经济处罚标准依据本单位年度安全奖惩实施方案执行。

对个人的经济处罚根据人事管理权限由所在单位人资部执行。对个人的纪律处分，根据人事管理权限分别由公司或各单位做出决定，按照纪律处分相关程序办理。

属于党员或党员领导干部的，按照《中国共产党纪律处分条例》和《国家电网公司纪律审查工作规定》[国网（监察/4）513—2017]另行给予党纪处分。属于公司管理的党员干部，由公司纪委研究并报请公司党委同意后，按照党纪处分的相关程序办理。

第 3 章

应急抢修队伍管理

3.1　定义

本章所指应急抢修队伍是指能为配电、输电、变电、发电、供电作出应急抢修力量的队伍。

3.2　应急抢修队伍组成

（1）公司应急抢修队伍由省、市、区（县）三级配电、输电、变电、发电、供电专业应急抢修人员组成。

（2）公司应急抢修队伍作为应急救援基干分队的成员，挂靠在国网宁夏检修公司；地市公司应急抢修队伍由各专业设备运维单位、营销、信通、物资和后勤等部门组成；县公司应急抢修队伍由生产、营销、物资、后勤等部门组成。

（3）应急抢修队伍内部一般分为综合抢修、配电抢修、输电抢修、变电抢修、应急供电、设备抢修、后勤保障等小组，各组根据人员数量设组长 1 人。

（4）各级安监部是应急抢修队伍归口管理部门。

3.3　应急抢修队伍职责

各级安监部门应每年更新、发布应急抢修队伍人员名单，建立本单位应急抢修人员信息表，并报上级安监部门备案。

（1）经营区域内发生重特大灾害事故时，负责以最快速度到达现场，进行电力应急抢修，协助政府开展救援，提供应急供电保障，树立国家电网良好企业形象；

（2）及时掌握并反馈受灾和事故地区电网受损情况及社会损失、地理环境、道路交通、天气气候、灾害预报等信息，收集影像资料，提出应急抢修建议，为公司应急指挥提供可靠决策依据；

（3）开展突发事件先期处置，搭建前方指挥部，确保应急通信畅通，设备正常运转，为公司后续应急队伍的进驻做好前期准备；

（4）在培训、演练等活动中，发挥骨干作用，配合做好相关工作。

3.4　应急抢修人员选聘与管理

3.4.1　选聘条件

（1）具有良好的政治素质，遵守纪律，较强的责任心，团队意识强。

（2）年龄 23 至 45 岁（具有特殊技能的人员年龄可适当放宽），身体健康，心理素质良好，无妨碍工作的病症，能适应恶劣气候和复杂地理环境。

（3）具有从事电力专业工作 3 年以上，业务水平优秀。

（4）具有较强的应急工器具、装备操作使用能力。

3.4.2　应急抢修人员遴选范围

应急抢修队伍遴选范围为公司系统内的在职员工。

3.4.3　选聘程序

（1）公司各单位根据应急管理工作需要，在本单位范围内组织开展应急抢修人员选聘工作，一般按照发布通知、个人自愿申报、资质审核、信息入库程序等进行。

（2）申报人员填写申报材料，经本部门（单位）领导审核，报送安全监察部。申报材料主要包括基本信息、工作经历、工作业绩等内容。

（3）选聘工作小组对参选人选的素质进行综合评价，最终确定选聘本单位人员名单，将选聘人员名单上报本单位应急领导小组办公室，经应急领导小组批准后通，正式行文发布，聘为本单位应急抢修人员，及时更新公司应急抢修队伍人员信息库，并报上级安全监察部备案。

3.4.4　应急抢修人员聘用

自公司文件发布之日起，选聘人员正式聘用为公司应急抢修队伍成员，一般情况下聘用期 3 年，每年滚动更新。

3.4.5　应急抢修队伍管理

3.4.5.1　日常管理

（1）贯彻执行党的路线、方针、政策，遵守国家法律、法规和规章制度，认真学习应急法律法规。

（2）贯彻落实上级部门安排的各项任务，服从命令、听从指挥，全面做好应急管理和突发事件应急处置工作。

（3）根据应急抢修工作需要，安排人员 24 小时值班、备勤，接到上级命令后，迅速实施应急抢修行动。

（4）积极学习应急基础管理、应急预案体系等相关应急知识，主动参与公司各类应急活动，不断提高个人应急技能水平。

（5）积极开展应急管理知识宣传工作，普及事故预防、避险、自救、互救和应急处置知识，提高全员应急意识。

（6）做好个人装备的保养与维护，确保随时可用，满足应急抢修要求。

（7）掌握各类应急装备使用方法、注意事项。

3.4.5.2　培训管理

（1）公司各级单位应结合本单位实际情况，至少每年制定一次应急抢修队伍培训计划，并按照计划组织相关人员按时开展。

（2）应急抢修人员应积极参加本单位及上级单位组织的各类应急培训与实战演练，提高应急技能。

（3）应急抢修人员应积极参加公司开展的各类应急演练，提高突发事件应急处置能力。

（4）培训期间，严格遵守学校纪律，认真听讲，不迟到、不早退。

（5）培训内容至少应包括应急法律法规、应急规章制度、应急技能等内容。

3.4.6　应急抢修人员激励

（1）应急抢修人员激励参照公司相关规定执行。

（2）应急抢修人员在培训、竞赛及应急抢修行动中表现突出的，在季度安全贡献奖中对相关人员进行奖励。

（3）公司及各单位对表现突出的应急抢修人员，在年度应急专业评优选先时优先可虑。

3.4.7　应急抢修人员考核

应急抢修人员考核分季度考核和年度考核两种方式。考核由公司、各单位安全监察部负责；考核结果均要反馈应急抢修人员本人和所在单位，并记入应急抢修人员档案。

（1）季度考核。包括日常表现、培训完成情况、培训效果和工作态度等内容。

（2）年度考核。包括培训情况、演练情况、应急处置、参赛情况，以及对培训工作的建议、工作态度等内容。

3.4.8　应急抢修人员解聘

应急抢修人员达到退休年龄，或出现下列情形之一者，对个人进行解聘：

（1）违反国家法律法规；

（2）患有高血压、心脏病等对救援工作影响较大的疾病；

（3）因岗位调动，不满足应急抢修工作要求；

（4）因工作失误，玩忽职守，给公司带来重大经济损失和造成不良社会影响；

（5）工作中，不服从安排，两次以上不参加应急培训或应急演练。

其他不满足应急抢修队伍工作的情况。

附件：制度文件

国家电网公司生产技能人员培训管理规定

第一章　总　　则

为进一步加强生产技能人员培训工作，培养造就适应国家电网公司（以下简称"公司"）发展需要的高技能人才队伍，根据《国家电网公司教育培训管理规定》（国家电网企管〔2014〕273号）等制度标准及其他规范性文件，制定本规定。

生产技能人员培训管理坚持"统一规划、归口管理、分级负责、专业实施"原则，实行公司、省公司级单位、地市公司级单位三级管理模式。

本规定中的生产技能人员主要是指按照《国家电网公司岗位分类标准》，从事输电运检、电网调控运行、变电运检、城区配电、城区营销、乡镇及农村配电营业、信息通信运维、送变电施工、装备制造、发电生产等生产活动的技能类人员。

本规定适用于公司总（分）部、各单位及所属各级单位（含全资、控股单位）生产技能人员培训管理工作。

代管单位和集体企业参照执行。

第二章　职　责　分　工

各级单位人力资源部门是生产技能人员培训管理归口部门，主要职责是：

（一）组织制定生产技能人员培训相关制度、年度培训计划和预算，并监督、组织实施。

（二）组织培训机构制定技能培训设备设施建设规划、年度计划和预算，并监督实施。

（三）组织开展技能培训师资队伍、教材、题库和课件等资源建设工作。

（四）组织开展生产技能人员专业竞赛及普调考活动，表彰授予技术能手。

（五）负责生产技能人员培训档案和职业资格证书管理。

（六）指导、检查和考核所属单位生产技能人员培训工作。

各级单位职能部门是生产技能人员培训的责任部门，主要职责是：

（一）指定专人担任兼职培训员，具体负责协调实施生产技能人员培训工作。

（二）结合本专业生产技能人员队伍素质状况，开展培训需求调查，提出年度培训项目需求。

（三）按照年度培训计划和预算，编制本专业培训班、专业竞赛及普调考、岗位资格考试方案，并组织实施。

（四）负责编制本专业生产技能人员岗位培训标准，开发配套教材、题库和课件，配合做好兼职培训师队伍建设工作。

（五）审定技能训练设备设施建设、更新技术方案，并协助实施。

（六）参与生产技能人员培训效果评估，提出改进意见和建议。

各级技能培训中心（基地）是生产技能人员培训的执行机构，主要职责是：

（一）制定并实施技能培训设备设施建设规划、年度计划和预算，协助编制生产技能人员年度培训计划和预算。

（二）提供培训场地、培训师资和后勤服务，配合做好培训策划、组织实施、效果评估和培训结果反馈；具体承办竞赛调考等活动。

（三）负责专职培训师队伍建设，配合开展技能类兼职培训师资格认证。

（四）根据公司统一规划，配合开发生产技能人员岗位培训标准、教材、题库和课件。

班组（车间、工区）是生产技能人员现场培训的实施主体，主要职责是：

（一）设置兼职培训员，负责班组日常培训工作。

（二）组织学习规程制度、技术标准等，开展技术讲座、技术问答、技能示范等培训活动。

（三）具体实施新入职员工和转岗人员的见（实）习，并配备职业导师。

（四）记录班组成员培训考试情况，维护培训档案，定期总结、上报培训计划和预算执行情况。

第三章 培 训 类 型

生产技能人员培训主要包括上岗作业准入资格培训和岗位能力培训，培训重点是岗位能力培训。

上岗作业准入资格培训。根据国家行业准入和公司有关持证上岗管理制度，新入单位的生产技能人员（含实习、代培人员）、转岗人员以及从事特殊岗位（工种）工作的生产技能人员，必须按规定进行安全教育培训及相应技能培训，经《电力安全工作规程》考试合格，并取得岗位（职业）资格证书方可上岗。

岗位能力培训。参照技能人员岗位能力培训规范中各职业种类及生产技能人员行为能力等级，建立生产技能人员岗位能力标准，组织所有生产技能人员按照岗位规范要求进行专业知识和技能培训，每 3 年进行一次岗位能力考试。

生产技能人员岗位能力分为 Ⅰ - Ⅲ 级，按照分级目标安排生产技能人员培训内容，开展分级考评、分级鉴定：

（一）Ⅰ 级：适用于辅助作业人员、新进人员，以及其他具有中级工及以下职业资格人员，其行为表现是能够完成工作要项中的一般工作任务。

（二）Ⅱ 级：适用于熟练作业人员，以及其他具有高级工职业资格人员，其行为表现是能够独立完成工作要项中较复杂的工作任务。

（三）Ⅲ 级：适用于高级作业人员、班组长、技术员，以及其他具有技师及以上职业资格人员，其行为表现是在能够独立完成工作要项中较复杂工作任务的同时，解释、处理工作中的疑难问题，组织、指导工作。

岗位能力培训包括基础知识、专业知识、相关知识、基本技能、专业技能、相关技能和职业素养。

（一）基础知识是指学习本岗位技能和专业知识所必需的基础知识，该种类知识也被本企业其他相近岗位所使用。

（二）专业知识是指掌握本岗位生产技能所必需的专业知识。

（三）相关知识是指从事本岗位工作时，所涉及的其他岗位的知识。

（四）基本技能是指涉及本岗位内多个工作域的技能。

（五）专业技能是指从事本岗位工作所必备的操作技能。

（六）相关技能是指从事本岗位工作时，所涉及的其他岗位的技能。

（七）职业素养是指做好本岗位工作所必须具备的法律观念、道德文化素养、沟通表达能力等，包括法律法规、职业道德、企业文化、沟通与协调、团队建设、传授技艺等。

第四章 培 训 实 施

各单位依据岗位能力标准和培训内容，分析生产技能人员业务素质和技能水平与岗位要求的差距，制定针对性的培训措施和计划，采取各类培训形式，提高员工能力素质，实现人岗匹配。

生产技能人员培训的形式主要有：脱产培训、现场培训、网络培训、全员培训考试、职业导师指导（师带徒）、工作室培育、技能竞赛及专业调考等。

脱产培训。紧密结合电网发展对技能人员的新要求，以提升岗位胜任能力为目标，每三年开展一轮为期40～56学时的生产技能人员脱产培训，提高综合素质和技能水平。

现场培训。现场培训应以岗位能力要求为重点内容，以提升技能人员解决现场实际问题的能力为目标，注重新工艺、新技术、新设备、新材料培训，采取技术讲座、技术问答、技能示范、作业前培训、工作室培育、班组对抗赛、专业对抗赛、事故预想、应急演练、安全学习日活动等多种方式，建立"问、练、查、评"的现场培训常态机制。生产技能人员每月参加现场培训时间不少于8学时。

网络培训。依托网络大学平台，坚持员工"自主学习、终身学习"原则，建立学员学习档案，开展推送学习、自主学习、在线考试、在线论坛等教学活动。网络培训主要内容为规章制度、规程规范、技术标准，以及岗位规范要求的理论知识、基本技能、典型案例等。生产技能人员每年参加网络培训时间不少于100学时。

全员培训考试。各单位每3年组织开展一轮生产技能人员全员考试，以考促培，以考促学，以考促用，促进队伍整体素质全面提升。脱产培训3天（含）以上的培训班，必须进行闭卷考试或操作考核；3天以下的通过学习体会或课后作业等方式进行考核，成绩计入个人培训考试档案。

职业导师指导（师带徒）。各级单位应针对每位新进、转岗、中级工及以下生产技能人员，为其配备职业导师，签订师徒合同，明确培养目标、培训内容与期限、考核办法、双方责任等内容，加强过程监督与效果评估，确保培养效果。公司和省公司级生产技能专家每年带徒弟不少于 2 名，地市公司级生产技能专家每年带徒弟不少于 1 名。

工作室培育。充分发挥劳模创新工作室、技能大师（专家）工作室的人才培养作用，依托技术攻关、技艺革新、技改大修等重点工程项目，通过攻坚克难、技能研习创新和团队研修等活动，在岗位实践中培养锻炼技能人才。

技能竞赛及专业调考。通过技能竞赛、技术比武和专业调考活动，检验培训效果，选拔优秀人才，提升员工技能水平和解决实际问题的能力。公司每 3 年组织一轮电网调控运行、输电运检、变电运检、配电运检、电力营销服务、信息通信运维、送变电施工等专业的技能竞赛或专业调考。

生产技能人员培训投入。各单位严格执行国家有关规定，用于技能人员培训费用不得低于职工教育经费的 60%。

第五章　考　核　激　励

技能培训工作考核。考核重点为年度重点培训任务完成情况、培训计划和预算执行情况、竞赛调考成绩等，纳入各级单位教育培训工作考核范围，每年考核一次。

技能培训中心工作考核。考核重点为技能培训中心制度建设、培训师队伍建设、培训项目管理、培训效果、实训设施管理等，考核结果纳入各级单位教育培训工作考核范围，每年考核一次。

建立生产技能人员培训考试积分制度。将培训积分与人才选拔、职称评定、技能鉴定、评优评先等挂钩，年度培训积分达标方可推荐参加上级单位人才选拔和参加上一等级职称评定，年度培训积分不达标将取消评优评先资格。

开展技能竞赛表彰奖励工作。对在各级技能竞赛中取得优异成绩的个人，授予相应级别"技术能手"荣誉称号，颁发荣誉证书，并给予一次性物质奖励，奖励金额按《国家电网公司表彰奖励工作管理办法》（国家电网企管〔2014〕273号）规定奖励标准执行，奖励数量不超过参赛选手的10%；对于技能人才的绝技绝活、特殊操作方法，可以其姓名进行命名，激发技能人才提升技能、钻研业务的主动性和创造力。

第六章　附　　则

本规定由国网人资部负责解释并监督执行。

本规定自2015年1月1日起施行。原《国家电网公司生产技能人员培训管理规定》（国家电网人资〔2007〕857号）同时废止。

国网宁夏电力有限公司应急装备维护
管理实施细则（试行）

第一章　总　　则

第一条　为强化国网宁夏电力有限公司（以下简称"公司"）应急装备保障，规范应急装备维护管理，确保时刻处于良好的备用状态，根据《国家电网公司应急救援基干分队管理规定》《国家电网公司应急物资管理办法》和国家电网有限公司应急工作要求，制订本细则。

第二条　本细则中所称应急装备是指公司统一配置的基础综合类和特种装备类应急队伍装备。

第三条　应急装备维护管理遵循"谁主管、谁负责""谁使用、谁负责"的原则，落实资产全寿命周期管理要求，严格计划、采购、验收、使用、保管、检查、维护和报废等全过程管理。

第四条　本细则适用于公司所属各单位，集体企业参照执行。

第二章　采购与验收

第五条　公司各级单位每年应根据统一下达的年度综合计划和预算，结合应急装备配置标准申报采购计划及资金预算。

第六条　应急装备应符合国家和行业有关法律、法规、强制性标准和技术规程以及公司相应规程规定的要求。

第七条　应急装备应严格履行物资验收手续，由物资部门组织验收，安全监督部门参加。检验方法应采用逐件检查或抽检，抽检比例应根据应急装备类别、使用检验、供应商信用等情况综合确定，合格后方可签字确认入库。

第三章 储 备 与 存 放

第八条 应急装备应按照基础综合类和特种装备类分区存放，定置管理。基础综合类包括：应急电源类、应急照明类、应急通信类、运输车辆类、单兵装备类、医疗救护类、应急综合类、后勤保障类、行动营地搭建类等装备；特种装备类包括：防汛救援类、高空绳索救援类、危化品救援类、地震救援类、电缆隧道类、山火救援类等装备。

第九条 各级单位应建立应急装备专用库房，存储各类应急装备。大型、特种应急装备可依托应急物资库房存储。

第十条 应急装备库房环境温度、湿度应满足保管要求，符合防火、防潮、防水、防腐、防盗标准。设备维护管理人员应定期清洁库房，易损伤、易丢失的应急装备重要部件、材料应单独保管并编号，防止混淆和丢失。

第十一条 应急装备库应建立台账清册（附件一），应急装备图纸、合格证、说明书等原始资料应妥善保管。各单位应每半年组织一次盘库，对台账进行核对，确保账、卡、物相符，并定期更新。

第四章 装 备 的 维 护 保 养

第十二条 应急装备维护包括日常保养维护和定期保养维护，日常保养维护指对应急装备常规检查维护；定期保养维护指根据装备类型、运行条件和材料品种差异开展的定期预防性维护。

第十三条 日常保养维护主要由本单位应急基干分队负责，每月开展一次，包括装备清洁、补充、检视等内容，并填写《应急装备维护表》（附件二）。

第十四条　定期保养维护由本单位应急基干分队组织具有专业技术能力的人员实施，每季度开展一次，包括设备紧固、调整、润滑、防腐、零部件更换等内容，并填写《应急特种救援装备保养维护表》（附件三）。

第十五条　各级单位保管的应急装备，应明确专人负责管理、维护和保养。个人保管的应急装备，应由单位指定地点集中存放，使用者负责管理、维护和保养，应急基干分队不定期抽查试验维护情况。

第十六条　应急装备中各种工器具、仪器仪表应按照《国家电网公司质量监督工作规定》《国家电网公司电力安全工器具管理规定》等相应规定进行试验、检测，合格后方可使用。

第五章　装备的领用和归还

第十七条　应急装备的领用和归还应严格履行借用登记手续，并填写《应急装备借用申请单》（附件四）。

第十八条　应急装备领用应经本单位安全监督部门批准，由基干分队负责人或指定专人对领用的应急装备进行检查，确认完好后方可出库。

第十九条　应急装备归还应由基干分队负责人或指定专人对应急装备进行清洁整理和检查确认，履行入库手续。检查合格的返库存放，不合格的应单独存放并张贴"禁用"标识，停止使用。

第二十条　应急装备严禁私用或挪作他用。

第六章　装备的使用

第二十一条　应急装备使用应实行"定人、定装备、定责任"，确保职责、权限和责任统一。

第二十二条　各单位每年至少应组织一次应急装备使用方法培训，新进基干队员上岗前应进行应急装备使用方法培训。

第二十三条　特种装备及机械装备的操作人员和指挥人员应经专业技术培训，具备一定实际操作经验，经有关安全规程考试合格取证后方可独立上岗作业，其合格证种类应与所操作（指挥）特种装备或机械装备类型相符合，操作人员在抢修过程中应严格执行设备作业规程和有关安全规章制度。

第七章　报　废　管　理

第二十四条　应急装备符合下列条件之一者，即予以报废：

（一）经试验或检验不符合国家、行业标准的。

（二）超过有效使用期限，不能达到使用要求的。

（三）外观检查明显损坏影响安全使用的。

第二十五条　应急装备报废，应经本单位安全监督部门组织专业人员或机构进行确认，属于固定资产的应急装备报废应按照公司固定资产管理办法有关规定执行。

第二十六条　应急装备报废情况应纳入管理台账做好记录，存档备查。

第八章　检　查　与　考　核

第二十七条　公司各级单位应定期对应急装备保管、维护、使用等情况进行检查，做好检查记录，发现不合格应急装备或管理方面存在的薄弱环节，督促及时整改。

第二十八条　应急装备在使用过程中丢失或因违规操作造成装备损坏无法修复，应按照该装备扣除折旧后价值责令该使用人赔偿。

第二十九条　公司各单位应根据《国网宁夏电力有限公司安全

工作奖惩实施细则（试行）》（宁电安质〔2018〕447 号）及《国家电网公司应急救援基干分队管理规定》的相关条款，对应急装备保管、维护、使用等工作中表现突出的给予奖励，对擅自使用、违规操作导致应急装备损坏、报废、丢失的给予处罚。

第九章　附　　则

第三十条　本细则由国网宁夏电力安全监察质量部（保卫部）负责解释。

第三十一条　本细则自下发之日起施行。

国家电网公司供电服务应急管理办法

第一章 总 则

第一条 为加强和规范公司供电服务应急管理，及时有效应对供电服务突发事件，提高供电服务突发事件的应急处置能力，切实维护公司良好服务形象，制定本办法。

第二条 主要依据

（一）《国务院关于全面加强应急管理工作的意见》（国发〔2006〕24 号）

（二）《关于深入推进电力企业应急管理工作的通知》（电监安全〔2007〕11 号）

（三）《进一步规范公司生产安全事故和突发事件信息报告工作要求》（安监综〔2009〕35 号）

（四）《关于加强重要电力用户供电电源及自备应急电源配置监督管理的意见》（电监安全〔2008〕43 号）

（五）《国家电网公司应急管理工作规定》（国家电网安监〔2007〕110 号）

（六）《国家电网公司新闻应急工作暂行规定》（国家电网公关〔2007〕825 号）

（七）《国家电网公司供电服务突发事件应急处理预案》（国家电网营销〔2006〕835 号）

第三条 供电服务应急管理工作应坚持"快速反应、妥善处理、分级管理、总结预防"的原则。

第四条 本办法用于规范公司经营区域内对客户供电服务有较

大影响的突发事件应急管理，具体包括：

（一）电网大面积停电造成的客户停电事件。

（二）涉及重要电力用户并造成重大影响的停电事件。

（三）客户对供电服务集体投诉事件。

（四）政府部门或社会团体督办的客户投诉事件。

（五）新闻媒体曝光并产生重大影响的停电事件或供电服务质量事件。

第五条　供电服务突发事件按照事件性质分为两类：停电类突发事件和供电服务质量类突发事件。

第六条　供电服务突发事件按照事件影响程度分为三级。

（一）一级事件包括：电网大面积停电造成的客户停电事件；涉及特级重要用户和一级重要用户并造成重大影响的停电事件；客户向电监会、国家电网公司、网省公司集体投诉事件；省级及以上政府部门或社会团体督办的客户投诉事件；中央或全国性媒体曝光并产生重大影响的停电事件或供电服务质量事件。

（二）二级事件包括：涉及二级重要用户和临时重要用户并造成重大影响的停电事件；客户向地市公司集体投诉事件；地市政府部门或社会团体督办的客户投诉事件；省级媒体、省会城市媒体或副省级城市媒体曝光并产生重大影响的停电事件或供电服务质量事件。

（三）三级事件包括：客户向县（市）公司集体投诉事件；县（市）政府部门或社会团体督办的客户投诉事件；除省会城市、副省级城市外的地市媒体曝光并产生较大影响的停电事件或供电服务质量事件。

第七条　本办法适用于各区域电网公司、省（自治区、直辖市）电力公司。

第二章 组 织 管 理

第八条 各区域电网公司、省（自治区、直辖市）电力公司营销部是供电服务应急管理工作的归口部门，牵头负责供电服务突发事件信息收集整理、及时报告、妥善处理、对外信息发布和总结预防管理。

第九条 各区域电网公司、省（自治区、直辖市）电力公司办公室、安全监察部、生产技术部、农电工作部、监察部、电力调度通信中心、新闻宣传部门按照职责分工做好供电服务应急管理相关工作。

第十条 各单位要针对办法第四条涉及的各种突发事件制定应急预案，明确部门职责分工和事件处理程序等具体内容，确保各种突发事件得到妥善处理和有效预防。

第十一条 各单位主管营销的负责人为本单位供电服务应急管理第一责任人，全面负责供电服务应急管理工作。各单位应设专人负责供电服务突发事件信息的收集整理与报告工作，并建立完善的信息收集渠道。

第三章 应 急 处 置

第十二条 供电服务应急处置主要包括以下 5 个方面：

（一）突发事件信息收集整理。

（二）突发事件及时报告。

（三）突发事件妥善处理。

（四）突发事件对外信息发布。

（五）突发事件总结预防。

第十三条 突发事件信息收集整理要坚持"全面、及时、准确、可靠"的原则，了解事件发生的时间、地点、信息来源、基本经过、初步原因和性质、已造成的后果、影响范围等，并及时跟踪收集事件的最新进展情况。

第十四条 突发事件报告分为电话报告和书面报告，具体要求如下：

（一）按照分级管理的原则，各单位须报告一、二级供电服务突发事件。

（二）各单位应在突发事件发生后第一时间将事件发生的时间、地点和初步原因、造成的影响电话报告总部营销部，并实时报告最新信息。

（三）各单位应在突发事件发生后 24 小时内，将突发事件的详细处理情况以书面形式报告总部营销部。

（四）若突发事件在 24 小时内仍未处理完结，各单位应在事件妥善处理后，再次以书面形式报告总部营销部。

（五）对符合公司突发事件信息报告相关规定的，要按规定要求同时向相关部门报告。

第十五条 突发事件应按照相应的应急预案妥善处理，并参照以下原则：

（一）对停电类突发事件

1. 营销部组织协调并帮助客户正确处理用电侧问题；

2. 生产技术部、农电工作部、电力调度通信中心组织及时恢复供电；

3. 办公室做好与政府部门的沟通汇报。

（二）对供电服务质量类突发事件

1. 营销部做好客户投诉受理、处理及营销服务相关工作，取得客户谅解或理解；

2. 生产技术部、农电工作部、电力调度通信中心做好停送电、故障抢修、电压质量、供电可靠性管理等工作；

3. 办公室组织做好信访接待工作和向政府部门的沟通汇报；

4. 监察部做好行风举报受理、处理工作。

第十六条　突发事件对外信息发布：各单位新闻宣传部门按照有关规定组织做好信息发布、媒体沟通等工作。

第十七条　突发事件的总结预防：各单位在事件妥善处理后应及时总结经验教训，采取有效措施，预防该类事件再次发生。

第四章　责任与考核

第十八条　突发事件发生后，各单位应严格按照本办法规定报送信息，不得迟报、漏报、瞒报、谎报或不报。

第十九条　凡出现上述情况之一者，一经发现，公司将予以通报批评，若造成严重后果，要追究相关单位和人员责任。

第五章　附　　则

第二十条　各区域电网公司、省（自治区、直辖市）电力公司应根据本办法制定供电服务应急管理实施细则。

第二十一条　本办法由国家电网公司营销部负责解释并监督执行。

第二十二条　本办法自印发之日起执行，公司《关于建立优质服务信息快速报送机制的通知》（营销综〔2006〕10号）、《关于实行客户用电安全上报制度的通知》（营销营业〔2007〕50号）同时废止。

附表：供电服务突发事件报告模板

附表：

供电服务突发事件报告模板

上报单位：×××电力公司（营销部公章）

事件名称	可简要描述事件的名称	事件级别	参照办法第四、六条
发生时间	根据情况具体到分钟	发生地点	
事件具体描述： 事件的起因、过程、性质； 造成影响：影响高危及重要客户××家，主要包括×××，损失电量××万千瓦时、停电时间等内容（或造成媒体负面报道等）			
处理过程与结果：			

批准人：　　　　　审核人：　　　　　报告人：　　　　　报告时间：

注：可另附页。

第4章

应急救援队伍管理

　　为全面加强应急救援队伍建设，强化和提高应急救援队伍的综合素质和应急救援专业技能，结合国家电网有限公司"四个一"培训体系建设要求，通过集中培训、自学及突发事件应急处置等途径，全面提高应急救援队伍团队协作及突发事件应急处置能力，提升应急队伍的凝聚力和战斗力，努力打造一支素质过硬、战斗力强的电力应急救援"先遣队"和"特种兵"队伍，提升公司对各类突发事件的快速反应和高效处置能力。

4.1　定义

　　本章所指应急救援队伍是指公司系统"平战结合、一专多能、装备精良、训练有素、快速反应、战斗力强"的应急队伍。

4.2　应急救援队伍组成

　　（1）公司应急救援队伍由省、市、区（县）三级应急救援队伍组成。

　　（2）公司应急救援队伍挂靠在国网宁夏检修公司；地市公司应急救援队伍由各专业设备运维单位、营销、信通、物资和后勤等部门组成；县公司应急救援队伍由生产、营销、物资、后勤等部门组成。

　　（3）应急救援队伍内部一般分为综合救援、应急供电、信息通信、后勤保障四组，各组根据人员数量设组长 1 人。

　　（4）各级安监部是应急救援队伍归口管理部门。

4.3　应急救援队伍职责

　　各级安监部门应每年更新、发布应急救援队伍人员名单，建立本单位应急救援人员信息表，并报上级安监部门备案。

（1）经营区域内发生重特大灾害时，负责以最快速度到达灾区，抢救员工生命，协助政府开展救援，提供应急供电保障，树立国家电网良好企业形象；

（2）及时掌握并反馈受灾地区电网受损情况及社会损失、地理环境、道路交通、天气气候、灾害预报等信息，收集影像资料，提出应急抢险救援建议，为公司应急指挥提供可靠决策依据；

（3）开展突发事件先期处置，搭建前方指挥部，确保应急通信畅通，为公司后续应急队伍的进驻做好前期准备；

（4）在培训、演练等活动中，发挥骨干作用，配合做好相关工作。

4.4　应急救援人员选聘与管理

4.4.1　选聘条件

（1）具有良好的政治素质，遵守纪律，较强的责任心，团队意识强。

（2）年龄 23 至 45 岁（具有特殊技能的人员年龄可适当放宽），身体健康，心理素质良好，无妨碍工作的病症，能适应恶劣气候和复杂地理环境。

（3）具有从事电力专业工作 3 年以上，业务水平优秀。

（4）具有较强的应急工器具、装备操作使用能力。

4.4.2　应急救援人员遴选范围

应急救援队伍遴选范围为公司系统内的在职员工。

4.4.3　选聘程序

（1）公司各单位根据应急管理工作需要，在本单位范围内组织开展应急救援人员选聘工作，一般按照发布通知、个人自愿申报、资质审核、信息入库程序等进行。

（2）申报人员填写申报材料，经本部门（单位）领导审核，报送安全监察部。申报材料主要包括基本信息、工作经历、工作业绩等内容。

（3）选聘工作小组对参选人选的素质进行综合评价，终确定选聘本单位人员名单，将选聘人员名单上报本单位应急领导小组办公室，经应急领导小组批准后通，正式行文发布，聘为本单位应急救援人员，及时更新公司应急救援队伍人员信息库，并报上级安全监察部备案。

4.4.4　应急救援人员聘用

自公司文件发布之日起，选聘人员正式聘用为公司应急救援队伍成员，一般情况下聘用期 3 年，每年滚动更新。

4.4.5　应急救援队伍管理

4.4.5.1　日常管理

（1）贯彻执行党的路线、方针、政策，遵守国家法律、法规和规章制度，认真学习应急法律法规。

（2）贯彻落实上级部门安排的各项任务，服从命令、听从指挥，全面做好应急管理和突发事件应急处置工作。

（3）根据应急救援工作需要，安排人员 24 小时值班、备勤，接到上级命令后，迅速实施应急救援行动。

（4）积极学习应急基础管理、应急预案体系等相关应急知识，主动参与公司各类应急活动，不断提高个人应急技能水平。

（5）积极开展应急管理知识宣传工作，普及事故预防、避险、自救、互救和应急处置知识，提高全员应急意识。

（6）做好个人装备的保养与维护，确保随时可用，满足应急救援要求。

（7）掌握各类应急装备使用方法、注意事项。

4.4.5.2　培训管理

（1）公司各级单位应结合本单位实际情况，至少每年制定一次应急救援队伍培训计划，并按照计划组织相关人员按时开展。

（2）应急救援人员应积极参加本单位及上级单位组织的各类应急培训，提高应急管理知识。

（3）应急救援人员应积极参加公司开展的各类应急演练，提高突发事件应急处置能力。

（4）培训期间，严格遵守学校纪律，认真听讲，不迟到、不早退。

（5）培训内容至少应包括应急法律法规、应急规章制度、应急技能等内容。

4.4.6　应急救援人员激励

（1）应急救援人员激励参照公司相关规定执行。

（2）应急救援人员在培训、竞赛及应急救援行动中表现突出的，在季度安全贡献奖中对相关人员进行奖励。

（3）公司及各单位对表现突出的应急救援人员，在年度应急专业评优选先时优先可虑。

4.4.7　应急救援人员考核

应急救援人员考核分季度考核和年度考核两种方式。考核由公司、各单位安全监察部负责；考核结果均要反馈应急救援人员本人和所在单位，并记入应急救援人员档案。

（1）季度考核。包括日常表现、培训完成情况、培训效果和工作态度等内容。

（2）年度考核。包括培训情况、演练情况、应急处置、参赛情况，以及对培训工作的建议、工作态度等内容。

4.4.8　应急救援人员解聘

应急救援人员达到退休年龄，或出现下列情形之一者，对个人进行解聘：

（1）违反国家法律法规；

（2）患有高血压、心脏病等对救援工作影响较大的疾病；

（3）因岗位调动，不满足应急救援工作要求；

（4）因工作失误，玩忽职守，给公司带来重大经济损失和造成不良社会影响；

（5）工作中，不服从安排，两次以上不参加应急培训或应急演练。

其他不满足应急救援队伍工作的情况。

附件：制度文件

应急救援人员培训制度

第一章 创 伤 急 救

创伤急救原则上是先抢救，后固定，再送医院，并注意采取措施，防止伤情加重或污染。需要送医院救治的，应立即做好保护伤员措施后送医院救治。

抢救前先使伤员安静躺平，判断全身情况和受伤程度，如有无出血、骨折和休克等。

外部出血立即采取止血措施，防止失血过多而休克。外观无伤，但呈休克状态，神智不清，或昏迷者，要考虑胸腹部内脏或脑部受伤的可能性。

为防止伤口感染，应用清洁布片覆盖。救护人员不得用手直接接触伤口，更不得在伤口内填塞任何东西或随便使用药。

搬运时应使伤员平躺在担架上，腰部束在担架上，防止跌下。平地搬运时伤员头部在后，上楼、下楼、下坡时头部在上，搬运中应严密观察伤员，防止伤情突变。

第二章 止 血

伤口渗血：用较伤口稍大的消毒纱布数层覆盖伤口，然后进行包扎。若包扎后仍有较多渗血，可再加绷带适当加压止血。

伤口出血呈喷射状或鲜红血液涌出时，立即用清洁手指压迫出血点上方（近心端），使血流中断，将出血肢体抬高或举高，以减少出血量。

用止血带或弹性较好的布带等止血时，应先用柔软布片或伤员的衣袖等数层垫在止血带下面，再扎紧止血带以刚使肢端动脉搏动消失为度。上肢每 60 分钟，下肢每 80 分钟放松一次，每次放松 1～2min 开始扎紧与放松的时间均与书面标明在止血带旁。扎紧时间不宜超过四小时。不要在上臂中三分一处和腋窝下使用止血带，以免损伤神经。若放松时观察已无大出血可暂停使用。

高处坠落、撞击、挤压可能有胸腹内脏破裂出血。受伤者外观无出血但常表现面色苍白，脉搏细微，气促，冷汗淋漓，烦躁不安，甚至神志不清等休克状态，应迅速躺平，抬高下肢，保持温暖，速送医院救治。若送院途中时间较长，可给伤员饮用少量糖盐。

第三章　烧伤、烫伤急救措施

立即冷却烧（烫）伤的部位，用冷水冲洗烧伤部位 10～30 分钟或冷水浸泡直到无痛的感觉为止。

冷却后再剪开或脱去衣裤。

不要给口渴伤员喝白开水。

伤口全部用清洁布片覆盖，防止污染。四肢烧伤时，先用清洁冷水冲洗，然后用清洁布片消毒纱布覆盖送往医院。

妥善保护创面，不可挑破伤处的水泡。不可在伤处乱涂药水或药膏等。

尽快送往医院进一步治疗。

搬运时，病人应取仰卧位，动作应轻柔，行进要干稳，并随时观察病人情况，对途中发生呼吸、心跳停止者，应就地抢救。

第四章　触电应急（急救）措施

对于触电者的急救应分秒必争。发生呼吸心跳停止的病人，病情都非常严重。这时应一面进行抢救，一面紧急联系专业救护机构，就近送病人去医院进一步治疗；在转送病人去医院途中，抢救工作不能中断。

关掉电闸，切断电源，然后施救。无法切断电源时，可以用木棒、竹竿将电线挑离触电者身体。如挑不开电线或其他致触电的带电电器，应用干的绳子套住触电者拖离，使其脱离电流。救援者最好戴上橡皮手套，穿橡胶运动鞋等。切忌用手去拉触电者，不能因救人心切而忘了自身安全。

伤者神志清醒，呼吸心跳均自主，应让伤者就地平卧，严密观察，暂时不要站立或走动，防止继发休克或心衰。

伤者丧失意识时要立即叫救护车，并尝试唤醒伤者。呼吸停止，心搏存在者，就地平卧解松衣扣，通畅气道，立即口对口人工呼吸。心搏停止，呼吸存在者，应立即作胸外心脏扣压。

发现其心跳呼吸停止，应立即进行口对口人工呼吸和胸外按摩等复苏措施（少数已证实被电死者除外），一般抢救时间不得少于60～90分钟。直到使触电者恢复呼吸、心跳，或确诊已无生还希望时为止。现场抢救最好能两人分别实行口对口人工呼吸及胸外心脏按压，以1:5的比例进行，即人工呼吸1次，心脏按压5次。如现场抢救仅用1人，用15:2的比例进行胸外心脏按压和人工呼吸，即先作胸外心脏按压15次，再口对口人工呼吸2次，如此交替进行，抢救一定要彻底。

注意：

（一）处理电击伤时，应注意有无其他损伤。如触电后弹离电源或自高空跌下，常并发颅脑外伤、血气胸、内脏破裂；四肢和骨盆骨折等。

（二）现场抢救中，不要随意移动伤员，若确需移动时，抢救中断时间不应超过 30 秒。移动伤员或将其送医院，除应使伤员平躺在担架上并在背部垫以平硬阔木板外，应继续抢救，心跳呼吸停止者要继续人工呼吸和胸外心脏按压，在医院医务人员末接替前救治不能中止。

（三）对电灼伤的伤口或创面不要用油膏或不干净的敷料包敷，而用干净的敷料包扎，或送医院后待医生处理。

第五章　急性职业中毒的现场处理

吸入中毒的患者，应首先从中毒现场抢运到新鲜空气处，保持安静、保暖。解开衣扣和裤带，保持呼吸道通畅。

经皮肤吸收中毒的患者，立即脱去被污染的衣服，用大量清水或解毒液彻底冲洗皮肤，要特别注意冲洗头发及皮肤皱褶处。

经口中毒的患者及时催吐、洗胃、导泻，但强酸、强碱等腐蚀性毒物口服后不宜催吐、洗胃，可服牛奶、蛋清以保护胃黏膜。

抢救时要仔细检查，抓住重点。如果呼吸困难，应立即用氧气吸入。心跳呼吸停止者进行胸外。心脏挤压术和对口人工呼吸。现场若备有特效解毒药品，要及时使用。经初步抢救后迅速转运到附近医院进一步抢救治疗。

怎样进行自救互救。当你发现突然有大量毒气散发时，要迅速戴上适合的防毒面具。如果身旁无个人防护用品，可拿湿毛巾、手帕或衣物包住口、鼻，并立即离开毒源向上风向跑。皮肤和眼睛受到毒物沾染时，迅速用清水彻底冲洗。接触大量毒物后，如感到不适，要及时找医生检查。

第六章　中　　暑

在高温环境下作业，人体通过一系列的体温调节还是不能维持机体的热平衡时，就造成机体过度蓄热。同时，由于大量出汗导致脱水、失盐，从而发生中暑。

发现中暑病人后，首先应使患者脱离高温作业环境，到通风良好的荫凉地方休息，解开衣服，给予含盐的清凉饮料。

必要时，可进行刮痧疗法或针刺合谷、曲池、委中、百会、人中等穴。如有头昏、恶心、呕吐或腹泻，可服中药藿香正气丸。

如呼吸、循环衰竭时，给予葡萄糖生理盐水静脉滴注，并可注射呼吸和循环中枢兴奋剂。

第七章　火 灾 救 援 知 识

火灾的定义

火灾系指在时间或空间上失去控制的燃烧所造成的灾害。火灾大多数是一种社会现象，发生火灾的主要原因可归纳三个方面。一是人为的不安全行为；二是物质的不安全状态；三是工艺技术的缺陷。而人的不安全行为是最主要的因素。

灭火基本方法

（一）隔离法：将着火物移开，不与其他物品接触。

（二）窒息法：隔离空气接触火，用干粉灭火器、砂、湿棉被等物灭火。

（三）冷却法：用水、灭火器将火冷却。

（四）报警：火警电话 119。报警要报清失火地点街道名称。

（五）火灾依据物质燃烧特性，可划分为 A、B、C、D、E 五类：

（1）A 类火灾：指固体物质火灾。这种物质往往具有有机物质性质，一般在燃烧时产生灼热的余烬。如木材、煤、棉、毛、麻、纸张等火灾。

（2）B 类火灾：指液体火灾和可熔化的固体物质火灾。如汽油、煤油、柴油、原油，甲醇、乙醇、沥青、石蜡等火灾。

（3）C 类火灾：指气体火灾。如煤气、天然气、甲烷、乙烷、丙烷、氢气等火灾。

（4）D 类火灾：指金属火灾。如钾、钠、镁、铝镁合金等火灾。

（5）E 类火灾：指带电物体和精密仪器等物质的火灾灭火器的种类。

灭火器的种类很多，按其移动方式可分为：手提式和推车式；按驱动灭火剂的动力来源可分为：储气瓶式、储压式、化学反应式；按所充装的灭火剂则又可分为：泡沫、干粉、卤代烷、二氧化碳、酸碱、清水等。

国家电网公司应急救援协调联动机制建设管理意见

一、总则

（一）为进一步整合国家电网公司各单位现有应急资源，充分发挥其作用，优势互补，相互支援，科学高效处置突发事件，按照公司集团化管理要求，制定本意见。

（二）应急救援协调联动机制是指在应急工作过程中，公司相关单位沟通协作，共同行动，协调处置突发事件的规律性运作模式。

（三）本意见依据《中华人民共和国安全生产法》《中华人民共和国突发事件应对法》《电力安全事故应急处置和调查处理条例》《中华人民共和国突发公共事件应急预案》以及《国家电网公司应急管理工作规定》《国家电网公司突发事件总体应急预案》，结合公司实际制定。

（四）本意见包括公司应急救援协调联动机制建设的原则与内容、管理与要求，适用于公司各省（自治区、直辖市）电力公司。各直属单位以及基层供电企业参照执行。

二、应急救援协调联动的基本原则

相关单位按照"信息互通、资源共享、快速响应、协同应对"原则，建立应急救援协调联动机制，通过加强在预防准备、监测预警、响应处置/恢复重建等阶段的沟通协作、相互支援，提高突发事件处置能力，最大限度地减少突发事件造成的损失和影响。

三、应急救援协调联动机制的建立

（一）应急救援协调联动单位的确定

综合考虑"地域相邻、环境相近、交通便利、灾害相似、优势互补"等因素，相关单位自主选择建立协作关系，应急协调联动成员单位一般不超过 4 个。

（二）应急救援协调联动协议的签订

应急协调联动成员单位通过签订应急协调联动协议确定协作关系。协议由成员单位共同协商起草，各成员单位应急领导小组会议通过、法人代表签署后生效，协议有效期限一般为 4 年。

（三）应急救援协调联动协议主要内容

应急救援协调联动机制建设协议应明确工作机构、职责，以及各方在应急准备、预警、处置、恢复等阶段应急协调联动工作内容，安全责任和应急保障等事项。

四、应急救援协调联动工作机构

（一）各成员单位应急领导小组领导本单位应急救援协调联动机制建设与管理工作，审批相关计划、方案，批准开展联合救援行动。

（二）各成员单位应急管理职能部门负责本单位应急救援协调联动机制的建设与管理。

（三）各成员单位共同组建"应急救援协调联动工作组"简称"工作组"），工作组人员包括各成员单位应急管理部门负责人、应急处处长、应急专职、应急救援基干分队队长等。组长由各成员单位应急管理部门负责人轮流担任，任期 1 年。工作组的主要职责：负责应急救援协调联动机制日常运行管理工作。制定联合培训、练、交流等工作计划并组织实施；建立信息沟通制度，确保信息共享；在事发地所在单位统一领导下组织开展突发事件联合救援行动；完成联动工作总结评估。

五、应急救援协调联动机制的实施

（一）准备阶段

1. 各成员单位按照已批准的联合培训、演练计划，组织开展培训、演练。确保每年至少开展 1 次联合应急培训、1 次联合应急演练、1 次工作交流活动。

2. 建立信息通报工作网络，明确各单位日常信息联络人员、联系方式，及时通报应急救援基干分队状况。

3. 组长单位牵头组织，成员单位配合，开展总结评估工作，对日常管理、协调联动等进行全面分析总结。

（二）预警阶段

1. 成员单位分析突发事件发生可能性、影响范围和严重程度，研判可能需要应急救援协调联动单位参与处置时，及时将灾害评估信息、电网信息、地域特征等通报给应急救援协调联动支援单位。

2. 支援单位根据事发地所在单位的通报，关注事态发展，做好应急救援基干分队人员、物资、装备准备，开展应急值班，参与事发地所在单位应急会商会。

（三）处置阶段

1. 事发地所在单位统一领导指挥应急救援行动。

2. 事发地所在单位将受灾情况及社会损失、地理环境、道路交通、天气气候、灾害预报等信息及时通报给支援单位；向支援单位应急救援基干分队交代工作任务、交代安全措施、告知作业风险、明确现场联系人。

3. 事发地所在单位负责联系协调支援单位人员住所，为支援单位提供抢险救援所需的材料物资和配合人员。

4. 支援单位应急救援基干分队迅速赶赴事发地区，接受事发地所在单位指挥，开展救援工作；支援单位自行负责后勤保障的物资及人员的食宿费用。

5. 根据事态发展变化和救援进展情况，在确保现场情况得到控制，后续应急队伍力量充足的情况下，经事发地所在单位同意后，支援单位组织应急救援基干分队有序撤离。

（四）恢复阶段

支援单位应急救援基干分队一般不参与灾后重建工作。事件处置结束后，工作组负责评估联动工作，支援单位配合事发地所在单位做好联动评估。

六、应急救援协调联动工作保障

（一）应急救援协调联动单位应规范应急队伍管理，做到专业齐全、人员精干、训练有素、反应快速。

（二）应急救援协调联动单位应配备应急处置所需的通信、交通、救援等各类装备，建立台账，规范管理。

七、安全责任

事发地所在单位应做好事件处置现场安全督查工作，查禁包括支援单位人员在内的所有人员的违章行为。

支援单位应急救援基干分队成建制独立开展工作，承担自身的安全责任。到达现场后应主动了解当地情况，分析危险点，自觉遵守事发地所在单位相关安全规章制度，服从事发地所在单位安全监督人员监督，确保人身、电网和设备安全。

八、其他

（一）应急救援协调联动成员单位救援分队日常开支由各自负责，应急救援协调联动演练费用由牵头单位负责，应急救援行动所需材料物资由事发地所在单位提供。

（二）应急救援协调联动机制建设协议报国家电网公司备案。

（三）本应急办法由国家电网公司安质部负责制定并解释。

（四）本方案自发布之日起开始实施。

国家电网公司办公厅 2013 年 1 月 10 日印发。

第5章

应急专家队伍管理

为规范应急专家建设与管理，充分发挥应急专家较高专业理论水平和丰富实践经验作用，强化和提高应急专家队伍的综合素质和应急理论专业知识，结合国家电网有限公司"四个一"培训体系建设要求，通过集中培训、自学及突发事件应急处置等途径，全面提高应急专家团队协作及突发事件应急分析能力，提升应急队伍的凝聚力和战斗力，努力打造一支素质过硬、理论水平高的电力应急专家队伍，提升公司对各类突发事件的快速反应和高效分析与指导能力。

5.1　定义

本章所指应急专家是指符合企业规定的条件和要求，经相关单位聘任，在相关行业领域工作，具有较高专业理论水平和丰富实践经验的应急专业人员。

5.2　应急专家队伍组成

（1）公司应急专家队伍从省、市、三级应急队伍中产生。

（2）公司应急专家队伍挂靠在国网宁夏检修公司；地市公司应急专家队伍由各专业设备运维单位、营销、信通、物资和后勤等部门组成；县公司应急专家队伍由生产、营销、物资、后勤等部门组成。

（3）应急专家队伍一般分为综合救援、应急供电、信息通信、后勤保障四组，各组根据人员数量设组长1人。

（4）各级安监部是应急专家队伍归口管理部门。

5.3　应急专家队伍的职责

各级安监部门应每年更新、发布应急专家人员名单，建立本单位应急专家人员信息表，并报上级安监部门备案。

（1）参与公司各类安全生产检查，提出隐患治理整改建议；配合有关部门对重大事故隐患整治验收、重大危险源的安全评估、应急预案制定提供技术支持。

（2）参与公司应急管理相关领域的技术评审、评估及验收等工作；参与中介服务机构的资质评审相关技术工作。

（3）参与公司安全生产和自然灾害等突发事件应急处置和调查工作，为应急事件性质认定、原因分析、责任界定、处置方案和整改措施建议提供技术依据。

（4）参与公司应急管理科技项目的技术鉴定，应急管理技术咨询和风险评估。

（5）参与公司应急管理宣传教育、培训和科普工作并提供技术咨询和帮助。

（6）完成各级单位应急管理部门委派的其他工作任务。

5.4　应急专家选聘与管理

5.4.1　选聘条件

（1）政治立场坚定，热爱应急管理事业，坚持原则，作风正派，认真负责，廉洁奉公。

（2）熟悉国家及自治区应急管理法律、法规、政策和技术标准、规范，具有较高的政策理论水平，自愿承担且能够胜任专家工作，接受自治区应急厅管理。

（3）具备大学本科及以上学历、副高及以上专业技术职称，实践经验丰富，具有较高的专业技术水平和事件处置能力，相关专业工作经历5年（含5年）以上。

（4）年龄一般不超过65周岁（含65周岁），身体健康，能胜任应急处置、安全生产现场检查和事故调查分析等工作。

（5）公司安监部要求的其他条件。

5.4.2 应急专家遴选范围

应急专家遴选范围为公司系统内的在职员工。

5.4.3 选聘程序

（1）公司各单位根据应急管理工作需要，在本单位范围内组织开展应急专家选聘工作，一般按照发布通知、个人自愿申报、资质审核、信息入库程序等进行。

（2）申报人员填写申报材料，经本部门（单位）领导审核，报送安全监察部。申报材料主要包括基本信息、工作经历、工作业绩等内容。

（3）选聘工作小组对参选人选的素质进行综合评价，终确定选聘本单位人员名单，将选聘人员名单上报本单位应急领导小组办公室，经应急领导小组批准后通，正式行文发布，聘为本单位应急专家，及时更新公司应急专家人员信息库，并报上级安全监察部备案。

5.4.4 应急专家聘用

自公司文件发布之日起，选聘人员正式聘用为公司应急专家队伍成员，一般情况下聘用期 3 年，每年滚动更新。

5.4.5　应急专家队伍管理

5.4.5.1　日常管理

（1）贯彻执行党的路线、方针、政策，遵守国家法律、法规和规章制度，认真学习应急法律法规。

（2）贯彻落实上级部门安排的各项任务，服从命令、听从指挥，全面做好针对隐患排查治理中的典型案例开展专家讲评，深入解析案例，发表个人观点与意见建议。

（3）应急专家接到工作任务通知后，应按期到达指定地点，不能按期到达的，应及时报告相关部门。

（4）应急专家要积极参加交流研讨、专题调研、专项研究等活动，适时参与网络在线交流，不断提高个人应急理论与技术水平，包括：

1）专题讲座；

2）针对隐患排查治理中的典型案例开展专家讲评，深入解析案例，发表个人观点与意见建议；

3）重大灾害、近期典型事故、热点安全问题交流等。

（5）参加法律法规、工作流程、专业知识等方面的培训，主动学习应急管理方针政策、法律法规、标准规范以及最新的技术资讯等。

（6）积极开展应急管理知识宣传工作，普及事故预防、避险、自救、互救和应急处置知识，提高全员应急意识。

（7）掌握各类先进应急装备理论知识与使用方法、注意事项，并指导应急抢修队伍与应急救援队伍提升装备使用技能。

5.4.5.2 培训管理

（1）公司各级单位应结合本单位实际情况，至少每年制定一次应急专家培训计划，并按照计划组织相关人员按时开展。

（2）各应急专家应积极参加本单位及上级单位组织的各类应急培训，提高应急管理知识。

（3）应急专家应积极参加公司开展的各类应急管理培训，提高应急管理能力。

（4）培训期间，严格遵守学校纪律，认真听讲，不迟到、不早退。

（5）培训内容至少应包括应急法律法规、应急规章制度、应急管理、安全风险排查治理、应急管理能力评估等内容。

5.4.6 应急专家激励

（1）应急专家激励参照公司专家人才相关规定执行。

（2）应急专家在培训、竞赛及应急管理行动中表现突出的，在季度安全贡献奖、专项奖中对相关人员进行奖励。

（3）公司及各单位对表现突出的应急专家，在年度应急专业评优选先时优先可虑。

5.4.7 应急专家考核

应急专家实行年度考核方式。考核由公司、各单位安全监察部负责；考核结果均要反馈应急专家本人和所在单位，并记入应急专家本人档案。

年度考核。包括培训情况、演练指导情况、应急管理、参赛情况、风险排查等，以及对培训工作的建议、工作态度等内容。

5.4.8　应急专家解聘

应急专家达到退休年龄，或出现下列情形之一者，对个人进行解聘：

（1）所在单位或本人提出不再担任专家。

（2）因工作能力、身体状况、工作变动等原因，不再胜任专家工作。

（3）无正当理由，一年内三次以上不参加专家工作。

（4）违反国家法律、法规或以单位聘任专家名义从事不正当活动。

（5）违反职业道德和行业规范，不按照工作安排配合工作，擅自改变工作标准和要求，弄虚作假、谋取私利，作出显失公正或虚假的意见结论。

（6）因专家工作不利，对应急管理工作造成不良后果，情节严重的。

（7）泄露国家秘密，泄露相关单位的商业和技术秘密。

（8）其他不宜继续从事专家工作的。

附件：应急法律、制度

中华人民共和国安全生产法

（2002 年 6 月 29 日第九届全国人民代表大会常务委员会第二十八次会议通过 2002 年 6 月 29 日中华人民共和国主席令第七十号公布 根据 2009 年 8 月 27 日中华人民共和国主席令第十八号《全国人民代表大会常务委员会关于修改部分法律的决定》第一次修正 根据 2014 年 8 月 31 日中华人民共和国主席令第十三号《全国人民代表大会常务委员会关于修改〈中华人民共和国安全生产法〉的决定》第二次修正）

第一章 总 则

第一条 为了加强安全生产工作，防止和减少生产安全事故，保障人民群众生命和财产安全，促进经济社会持续健康发展，制定本法。

第二条 在中华人民共和国领域内从事生产经营活动的单位（以下统称生产经营单位）的安全生产，适用本法；有关法律、行政法规对消防安全和道路交通安全、铁路交通安全、水上交通安全、民用航空安全以及核与辐射安全、特种设备安全另有规定的，适用其规定。

第三条 安全生产工作应当以人为本，坚持安全发展，坚持安全第一、预防为主、综合治理的方针，强化和落实生产经营单位的主体责任，建立生产经营单位负责、职工参与、政府监管、行业自律和社会监督的机制。

第四条 生产经营单位必须遵守本法和其他有关安全生产的法律、法规，加强安全生产管理，建立、健全安全生产责任制和安全生产规章制度，改善安全生产条件，推进安全生产标准化建设，提高安全生产水平，确保安全生产。

第五条 生产经营单位的主要负责人对本单位的安全生产工作全面负责。

第六条 生产经营单位的从业人员有依法获得安全生产保障的权利，并应当依法履行安全生产方面的义务。

第七条 工会依法对安全生产工作进行监督。

生产经营单位的工会依法组织职工参加本单位安全生产工作的民主管理和民主监督，维护职工在安全生产方面的合法权益。生产经营单位制定或者修改有关安全生产的规章制度，应当听取工会的意见。

第八条 国务院和县级以上地方各级人民政府应当根据国民经济和社会发展规划制定安全生产规划，并组织实施。安全生产规划应当与城乡规划相衔接。

国务院和县级以上地方各级人民政府应当加强对安全生产工作的领导，支持、督促各有关部门依法履行安全生产监督管理职责，建立健全安全生产工作协调机制，及时协调、解决安全生产监督管理中存在的重大问题。

乡、镇人民政府以及街道办事处、开发区管理机构等地方人民政府的派出机关应当按照职责，加强对本行政区域内生产经营单位安全生产状况的监督检查，协助上级人民政府有关部门依法履行安全生产监督管理职责。

第九条 国务院安全生产监督管理部门依照本法，对全国安全生产工作实施综合监督管理；县级以上地方各级人民政府安全生产监督管理部门依照本法，对本行政区域内安全生产工作实施综合监督管理。

国务院有关部门依照本法和其他有关法律、行政法规的规定，在各自的职责范围内对有关行业、领域的安全生产工作实施监督管理；县级以上地方各级人民政府有关部门依照本法和其他有关法律、法规的规定，在各自的职责范围内对有关行业、领域的安全生产工作实施监督管理。

安全生产监督管理部门和对有关行业、领域的安全生产工作实施监督管理的部门，统称负有安全生产监督管理职责的部门。

第十条　国务院有关部门应当按照保障安全生产的要求，依法及时制定有关的国家标准或者行业标准，并根据科技进步和经济发展适时修订。

生产经营单位必须执行依法制定的保障安全生产的国家标准或者行业标准。

第十一条　各级人民政府及其有关部门应当采取多种形式，加强对有关安全生产的法律、法规和安全生产知识的宣传，增强全社会的安全生产意识。

第十二条　有关协会组织依照法律、行政法规和章程，为生产经营单位提供安全生产方面的信息、培训等服务，发挥自律作用，促进生产经营单位加强安全生产管理。

第十三条　依法设立的为安全生产提供技术、管理服务的机构，依照法律、行政法规和执业准则，接受生产经营单位的委托为其安全生产工作提供技术、管理服务。

生产经营单位委托前款规定的机构提供安全生产技术、管理服务的，保证安全生产的责任仍由本单位负责。

第十四条　国家实行生产安全事故责任追究制度，依照本法和有关法律、法规的规定，追究生产安全事故责任人员的法律责任。

第十五条　国家鼓励和支持安全生产科学技术研究和安全生产先进技术的推广应用，提高安全生产水平。

第十六条　国家对在改善安全生产条件、防止生产安全事故、参加抢险救护等方面取得显著成绩的单位和个人，给予奖励。

第二章　生产经营单位的安全生产保障

第十七条　生产经营单位应当具备本法和有关法律、行政法规和国家标准或者行业标准规定的安全生产条件；不具备安全生产条件的，不得从事生产经营活动。

第十八条　生产经营单位的主要负责人对本单位安全生产工作负有下列职责：

（一）建立、健全本单位安全生产责任制；

（二）组织制定本单位安全生产规章制度和操作规程；

（三）组织制定并实施本单位安全生产教育和培训计划；

（四）保证本单位安全生产投入的有效实施；

（五）督促、检查本单位的安全生产工作，及时消除生产安全事故隐患；

（六）组织制定并实施本单位的生产安全事故应急救援预案；

（七）及时、如实报告生产安全事故。

第十九条　生产经营单位的安全生产责任制应当明确各岗位的责任人员、责任范围和考核标准等内容。

生产经营单位应当建立相应的机制，加强对安全生产责任制落实情况的监督考核，保证安全生产责任制的落实。

第二十条　生产经营单位应当具备的安全生产条件所必需的资金投入，由生产经营单位的决策机构、主要负责人或者个人经营的投资人予以保证，并对由于安全生产所必需的资金投入不足导致的后果承担责任。

有关生产经营单位应当按照规定提取和使用安全生产费用，专门用于改善安全生产条件。安全生产费用在成本中据实列支。安全生产费用提取、使用和监督管理的具体办法由国务院财政部门会同国务院安全生产监督管理部门征求国务院有关部门意见后制定。

第二十一条 矿山、金属冶炼、建筑施工、道路运输单位和危险物品的生产、经营、储存单位，应当设置安全生产管理机构或者配备专职安全生产管理人员。

前款规定以外的其他生产经营单位，从业人员超过一百人的，应当设置安全生产管理机构或者配备专职安全生产管理人员；从业人员在一百人以下的，应当配备专职或者兼职的安全生产管理人员。

第二十二条 生产经营单位的安全生产管理机构以及安全生产管理人员履行下列职责：

（一）组织或者参与拟订本单位安全生产规章制度、操作规程和生产安全事故应急救援预案；

（二）组织或者参与本单位安全生产教育和培训，如实记录安全生产教育和培训情况；

（三）督促落实本单位重大危险源的安全管理措施；

（四）组织或者参与本单位应急救援演练；

（五）检查本单位的安全生产状况，及时排查生产安全事故隐患，提出改进安全生产管理的建议；

（六）制止和纠正违章指挥、强令冒险作业、违反操作规程的行为；

（七）督促落实本单位安全生产整改措施。

第二十三条 生产经营单位的安全生产管理机构以及安全生产

管理人员应当恪尽职守，依法履行职责。

生产经营单位作出涉及安全生产的经营决策，应当听取安全生产管理机构以及安全生产管理人员的意见。

生产经营单位不得因安全生产管理人员依法履行职责而降低其工资、福利等待遇或者解除与其订立的劳动合同。

危险物品的生产、储存单位以及矿山、金属冶炼单位的安全生产管理人员的任免，应当告知主管的负有安全生产监督管理职责的部门。

第二十四条　生产经营单位的主要负责人和安全生产管理人员必须具备与本单位所从事的生产经营活动相应的安全生产知识和管理能力。

危险物品的生产、经营、储存单位以及矿山、金属冶炼、建筑施工、道路运输单位的主要负责人和安全生产管理人员，应当由主管的负有安全生产监督管理职责的部门对其安全生产知识和管理能力考核合格。考核不得收费。

危险物品的生产、储存单位以及矿山、金属冶炼单位应当有注册安全工程师从事安全生产管理工作。鼓励其他生产经营单位聘用注册安全工程师从事安全生产管理工作。注册安全工程师按专业分类管理，具体办法由国务院人力资源和社会保障部门、国务院安全生产监督管理部门会同国务院有关部门制定。

第二十五条　生产经营单位应当对从业人员进行安全生产教育和培训，保证从业人员具备必要的安全生产知识，熟悉有关的安全生产规章制度和安全操作规程，掌握本岗位的安全操作技能，了解事故应急处理措施，知悉自身在安全生产方面的权利和义务。未经安全生产教育和培训合格的从业人员，不得上岗作业。

生产经营单位使用被派遣劳动者的，应当将被派遣劳动者纳入本单位从业人员统一管理，对被派遣劳动者进行岗位安全操作规程和安全操作技能的教育和培训。劳务派遣单位应当对被派遣劳动者进行必要的安全生产教育和培训。

生产经营单位接收中等职业学校、高等学校学生实习的，应当对实习学生进行相应的安全生产教育和培训，提供必要的劳动防护用品。学校应当协助生产经营单位对实习学生进行安全生产教育和培训。

生产经营单位应当建立安全生产教育和培训档案，如实记录安全生产教育和培训的时间、内容、参加人员以及考核结果等情况。

第二十六条　生产经营单位采用新工艺、新技术、新材料或者使用新设备，必须了解、掌握其安全技术特性，采取有效的安全防护措施，并对从业人员进行专门的安全生产教育和培训。

第二十七条　生产经营单位的特种作业人员必须按照国家有关规定经专门的安全作业培训，取得相应资格，方可上岗作业。

特种作业人员的范围由国务院安全生产监督管理部门会同国务院有关部门确定。

第二十八条　生产经营单位新建、改建、扩建工程项目（以下统称建设项目）的安全设施，必须与主体工程同时设计、同时施工、同时投入生产和使用。安全设施投资应当纳入建设项目概算。

第二十九条　矿山、金属冶炼建设项目和用于生产、储存、装卸危险物品的建设项目，应当按照国家有关规定进行安全评价。

第三十条　建设项目安全设施的设计人、设计单位应当对安全设施设计负责。

矿山、金属冶炼建设项目和用于生产、储存、装卸危险物品的建设项目的安全设施设计应当按照国家有关规定报经有关部门审查，审查部门及其负责审查的人员对审查结果负责。

第三十一条　矿山、金属冶炼建设项目和用于生产、储存、装卸危险物品的建设项目的施工单位必须按照批准的安全设施设计施工，并对安全设施的工程质量负责。

矿山、金属冶炼建设项目和用于生产、储存危险物品的建设项目竣工投入生产或者使用前，应当由建设单位负责组织对安全设施进行验收；验收合格后，方可投入生产和使用。安全生产监督管理部门应当加强对建设单位验收活动和验收结果的监督核查。

第三十二条　生产经营单位应当在有较大危险因素的生产经营场所和有关设施、设备上，设置明显的安全警示标志。

第三十三条　安全设备的设计、制造、安装、使用、检测、维修、改造和报废，应当符合国家标准或者行业标准。

生产经营单位必须对安全设备进行经常性维护、保养，并定期检测，保证正常运转。维护、保养、检测应当作好记录，并由有关人员签字。

第三十四条　生产经营单位使用的危险物品的容器、运输工具，以及涉及人身安全、危险性较大的海洋石油开采特种设备和矿山井下特种设备，必须按照国家有关规定，由专业生产单位生产，并经具有专业资质的检测、检验机构检测、检验合格，取得安全使用证或者安全标志，方可投入使用。检测、检验机构对检测、检验结果负责。

第三十五条　国家对严重危及生产安全的工艺、设备实行淘汰制度，具体目录由国务院安全生产监督管理部门会同国务院有关部门制定并公布。法律、行政法规对目录的制定另有规定的，适用其规定。

省、自治区、直辖市人民政府可以根据本地区实际情况制定并公布具体目录，对前款规定以外的危及生产安全的工艺、设备予以淘汰。

生产经营单位不得使用应当淘汰的危及生产安全的工艺、设备。

第三十六条 生产、经营、运输、储存、使用危险物品或者处置废弃危险物品的，由有关主管部门依照有关法律、法规的规定和国家标准或者行业标准审批并实施监督管理。

生产经营单位生产、经营、运输、储存、使用危险物品或者处置废弃危险物品，必须执行有关法律、法规和国家标准或者行业标准，建立专门的安全管理制度，采取可靠的安全措施，接受有关主管部门依法实施的监督管理。

第三十七条 生产经营单位对重大危险源应当登记建档，进行定期检测、评估、监控，并制定应急预案，告知从业人员和相关人员在紧急情况下应当采取的应急措施。

生产经营单位应当按照国家有关规定将本单位重大危险源及有关安全措施、应急措施报有关地方人民政府安全生产监督管理部门和有关部门备案。

第三十八条 生产经营单位应当建立健全生产安全事故隐患排查治理制度，采取技术、管理措施，及时发现并消除事故隐患。事故隐患排查治理情况应当如实记录，并向从业人员通报。

县级以上地方各级人民政府负有安全生产监督管理职责的部门应当建立健全重大事故隐患治理督办制度，督促生产经营单位消除重大事故隐患。

第三十九条 生产、经营、储存、使用危险物品的车间、商店、仓库不得与员工宿舍在同一座建筑物内，并应当与员工宿舍保持安全距离。

生产经营场所和员工宿舍应当设有符合紧急疏散要求、标志明显、保持畅通的出口。禁止锁闭、封堵生产经营场所或者员工宿舍的出口。

第四十条 生产经营单位进行爆破、吊装以及国务院安全生产监督管理部门会同国务院有关部门规定的其他危险作业，应当安排专门人员进行现场安全管理，确保操作规程的遵守和安全措施的落实。

第四十一条 生产经营单位应当教育和督促从业人员严格执行本单位的安全生产规章制度和安全操作规程；并向从业人员如实告知作业场所和工作岗位存在的危险因素、防范措施以及事故应急措施。

第四十二条 生产经营单位必须为从业人员提供符合国家标准或者行业标准的劳动防护用品，并监督、教育从业人员按照使用规则佩戴、使用。

第四十三条 生产经营单位的安全生产管理人员应当根据本单位的生产经营特点，对安全生产状况进行经常性检查；对检查中发现的安全问题，应当立即处理；不能处理的，应当及时报告本单位有关负责人，有关负责人应当及时处理。检查及处理情况应当如实记录在案。

生产经营单位的安全生产管理人员在检查中发现重大事故隐患，依照前款规定向本单位有关负责人报告，有关负责人不及时处理的，安全生产管理人员可以向主管的负有安全生产监督管理职责的部门报告，接到报告的部门应当依法及时处理。

第四十四条 生产经营单位应当安排用于配备劳动防护用品、进行安全生产培训的经费。

第四十五条 两个以上生产经营单位在同一作业区域内进行生产经营活动，可能危及对方生产安全的，应当签订安全生产管理协议，明确各自的安全生产管理职责和应当采取的安全措施，并指定专职安全生产管理人员进行安全检查与协调。

第四十六条 生产经营单位不得将生产经营项目、场所、设备发包或者出租给不具备安全生产条件或者相应资质的单位或者个人。

生产经营项目、场所发包或者出租给其他单位的，生产经营单位应当与承包单位、承租单位签订专门的安全生产管理协议，或者在承包合同、租赁合同中约定各自的安全生产管理职责；生产经营单位对承包单位、承租单位的安全生产工作统一协调、管理，定期进行安全检查，发现安全问题的，应当及时督促整改。

第四十七条 生产经营单位发生生产安全事故时，单位的主要负责人应当立即组织抢救，并不得在事故调查处理期间擅离职守。

第四十八条 生产经营单位必须依法参加工伤保险，为从业人员缴纳保险费。

国家鼓励生产经营单位投保安全生产责任保险。

第三章 从业人员的安全生产权利义务

第四十九条 生产经营单位与从业人员订立的劳动合同，应当载明有关保障从业人员劳动安全、防止职业危害的事项，以及依法为从业人员办理工伤保险的事项。

生产经营单位不得以任何形式与从业人员订立协议，免除或者减轻其对从业人员因生产安全事故伤亡依法应承担的责任。

第五十条 生产经营单位的从业人员有权了解其作业场所和工作岗位存在的危险因素、防范措施及事故应急措施，有权对本单位的安全生产工作提出建议。

第五十一条 从业人员有权对本单位安全生产工作中存在的问题提出批评、检举、控告；有权拒绝违章指挥和强令冒险作业。

生产经营单位不得因从业人员对本单位安全生产工作提出批

评、检举、控告或者拒绝违章指挥、强令冒险作业而降低其工资、福利等待遇或者解除与其订立的劳动合同。

第五十二条　从业人员发现直接危及人身安全的紧急情况时，有权停止作业或者在采取可能的应急措施后撤离作业场所。

生产经营单位不得因从业人员在前款紧急情况下停止作业或者采取紧急撤离措施而降低其工资、福利等待遇或者解除与其订立的劳动合同。

第五十三条　因生产安全事故受到损害的从业人员，除依法享有工伤保险外，依照有关民事法律尚有获得赔偿的权利的，有权向本单位提出赔偿要求。

第五十四条　从业人员在作业过程中，应当严格遵守本单位的安全生产规章制度和操作规程，服从管理，正确佩戴和使用劳动防护用品。

第五十五条　从业人员应当接受安全生产教育和培训，掌握本职工作所需的安全生产知识，提高安全生产技能，增强事故预防和应急处理能力。

第五十六条　从业人员发现事故隐患或者其他不安全因素，应当立即向现场安全生产管理人员或者本单位负责人报告；接到报告的人员应当及时予以处理。

第五十七条　工会有权对建设项目的安全设施与主体工程同时设计、同时施工、同时投入生产和使用进行监督，提出意见。

工会对生产经营单位违反安全生产法律、法规，侵犯从业人员合法权益的行为，有权要求纠正；发现生产经营单位违章指挥、强令冒险作业或者发现事故隐患时，有权提出解决的建议，生产经营单位应当及时研究答复；发现危及从业人员生命安全的情况时，有权向生产经营单位建议组织从业人员撤离危险场所，生产经营单位必须立即作出处理。

工会有权依法参加事故调查，向有关部门提出处理意见，并要求追究有关人员的责任。

第五十八条 生产经营单位使用被派遣劳动者的，被派遣劳动者享有本法规定的从业人员的权利，并应当履行本法规定的从业人员的义务。

第四章 安全生产的监督管理

第五十九条 县级以上地方各级人民政府应当根据本行政区域内的安全生产状况，组织有关部门按照职责分工，对本行政区域内容易发生重大生产安全事故的生产经营单位进行严格检查。

安全生产监督管理部门应当按照分类分级监督管理的要求，制定安全生产年度监督检查计划，并按照年度监督检查计划进行监督检查，发现事故隐患，应当及时处理。

第六十条 负有安全生产监督管理职责的部门依照有关法律、法规的规定，对涉及安全生产的事项需要审查批准（包括批准、核准、许可、注册、认证、颁发证照等，下同）或者验收的，必须严格依照有关法律、法规和国家标准或者行业标准规定的安全生产条件和程序进行审查；不符合有关法律、法规和国家标准或者行业标准规定的安全生产条件的，不得批准或者验收通过。对未依法取得批准或者验收合格的单位擅自从事有关活动的，负责行政审批的部门发现或者接到举报后应当立即予以取缔，并依法予以处理。对已经依法取得批准的单位，负责行政审批的部门发现其不再具备安全生产条件的，应当撤销原批准。

第六十一条 负有安全生产监督管理职责的部门对涉及安全生产的事项进行审查、验收，不得收取费用；不得要求接受审查、验收的单位购买其指定品牌或者指定生产、销售单位的安全设备、器材或者其他产品。

第六十二条　安全生产监督管理部门和其他负有安全生产监督管理职责的部门依法开展安全生产行政执法工作，对生产经营单位执行有关安全生产的法律、法规和国家标准或者行业标准的情况进行监督检查，行使以下职权：

（一）进入生产经营单位进行检查，调阅有关资料，向有关单位和人员了解情况；

（二）对检查中发现的安全生产违法行为，当场予以纠正或者要求限期改正；对依法应当给予行政处罚的行为，依照本法和其他有关法律、行政法规的规定作出行政处罚决定；

（三）对检查中发现的事故隐患，应当责令立即排除；重大事故隐患排除前或者排除过程中无法保证安全的，应当责令从危险区域内撤出作业人员，责令暂时停产停业或者停止使用相关设施、设备；重大事故隐患排除后，经审查同意，方可恢复生产经营和使用；

（四）对有根据认为不符合保障安全生产的国家标准或者行业标准的设施、设备、器材以及违法生产、储存、使用、经营、运输的危险物品予以查封或者扣押，对违法生产、储存、使用、经营危险物品的作业场所予以查封，并依法作出处理决定。

监督检查不得影响被检查单位的正常生产经营活动。

第六十三条　生产经营单位对负有安全生产监督管理职责的部门的监督检查人员（以下统称安全生产监督检查人员）依法履行监督检查职责，应当予以配合，不得拒绝、阻挠。

第六十四条　安全生产监督检查人员应当忠于职守，坚持原则，秉公执法。

安全生产监督检查人员执行监督检查任务时，必须出示有效的监督执法证件；对涉及被检查单位的技术秘密和业务秘密，应当为其保密。

第六十五条 安全生产监督检查人员应当将检查的时间、地点、内容、发现的问题及其处理情况，作出书面记录，并由检查人员和被检查单位的负责人签字；被检查单位的负责人拒绝签字的，检查人员应当将情况记录在案，并向负有安全生产监督管理职责的部门报告。

第六十六条 负有安全生产监督管理职责的部门在监督检查中，应当互相配合，实行联合检查；确需分别进行检查的，应当互通情况，发现存在的安全问题应当由其他有关部门进行处理的，应当及时移送其他有关部门并形成记录备查，接受移送的部门应当及时进行处理。

第六十七条 负有安全生产监督管理职责的部门依法对存在重大事故隐患的生产经营单位作出停产停业、停止施工、停止使用相关设施或者设备的决定，生产经营单位应当依法执行，及时消除事故隐患。生产经营单位拒不执行，有发生生产安全事故的现实危险的，在保证安全的前提下，经本部门主要负责人批准，负有安全生产监督管理职责的部门可以采取通知有关单位停止供电、停止供应民用爆炸物品等措施，强制生产经营单位履行决定。通知应当采用书面形式，有关单位应当予以配合。

负有安全生产监督管理职责的部门依照前款规定采取停止供电措施，除有危及生产安全的紧急情形外，应当提前二十四小时通知生产经营单位。生产经营单位依法履行行政决定、采取相应措施消除事故隐患的，负有安全生产监督管理职责的部门应当及时解除前款规定的措施。

第六十八条 监察机关依照行政监察法的规定，对负有安全生产监督管理职责的部门及其工作人员履行安全生产监督管理职责实施监察。

第六十九条 承担安全评价、认证、检测、检验的机构应当具备国家规定的资质条件，并对其作出的安全评价、认证、检测、检验的结果负责。

第七十条 负有安全生产监督管理职责的部门应当建立举报制度，公开举报电话、信箱或者电子邮件地址，受理有关安全生产的举报；受理的举报事项经调查核实后，应当形成书面材料；需要落实整改措施的，报经有关负责人签字并督促落实。

第七十一条 任何单位或者个人对事故隐患或者安全生产违法行为，均有权向负有安全生产监督管理职责的部门报告或者举报。

第七十二条 居民委员会、村民委员会发现其所在区域内的生产经营单位存在事故隐患或者安全生产违法行为时，应当向当地人民政府或者有关部门报告。

第七十三条 县级以上各级人民政府及其有关部门对报告重大事故隐患或者举报安全生产违法行为的有功人员，给予奖励。具体奖励办法由国务院安全生产监督管理部门会同国务院财政部门制定。

第七十四条 新闻、出版、广播、电影、电视等单位有进行安全生产公益宣传教育的义务，有对违反安全生产法律、法规的行为进行舆论监督的权利。

第七十五条 负有安全生产监督管理职责的部门应当建立安全生产违法行为信息库，如实记录生产经营单位的安全生产违法行为信息；对违法行为情节严重的生产经营单位，应当向社会公告，并通报行业主管部门、投资主管部门、国土资源主管部门、证券监督管理机构以及有关金融机构。

第五章　生产安全事故的应急救援与调查处理

第七十六条　国家加强生产安全事故应急能力建设，在重点行业、领域建立应急救援基地和应急救援队伍，鼓励生产经营单位和其他社会力量建立应急救援队伍，配备相应的应急救援装备和物资，提高应急救援的专业化水平。

国务院安全生产监督管理部门建立全国统一的生产安全事故应急救援信息系统，国务院有关部门建立健全相关行业、领域的生产安全事故应急救援信息系统。

第七十七条　县级以上地方各级人民政府应当组织有关部门制定本行政区域内生产安全事故应急救援预案，建立应急救援体系。

第七十八条　生产经营单位应当制定本单位生产安全事故应急救援预案，与所在地县级以上地方人民政府组织制定的生产安全事故应急救援预案相衔接，并定期组织演练。

第七十九条　危险物品的生产、经营、储存单位以及矿山、金属冶炼、城市轨道交通运营、建筑施工单位应当建立应急救援组织；生产经营规模较小的，可以不建立应急救援组织，但应当指定兼职的应急救援人员。

危险物品的生产、经营、储存、运输单位以及矿山、金属冶炼、城市轨道交通运营、建筑施工单位应当配备必要的应急救援器材、设备和物资，并进行经常性维护、保养，保证正常运转。

第八十条　生产经营单位发生生产安全事故后，事故现场有关人员应当立即报告本单位负责人。

单位负责人接到事故报告后，应当迅速采取有效措施，组织抢救，防止事故扩大，减少人员伤亡和财产损失，并按照国家有关规定立即如实报告当地负有安全生产监督管理职责的部门，不得隐瞒不报、谎报或者迟报，不得故意破坏事故现场、毁灭有关证据。

第八十一条　负有安全生产监督管理职责的部门接到事故报告后，应当立即按照国家有关规定上报事故情况。负有安全生产监督管理职责的部门和有关地方人民政府对事故情况不得隐瞒不报、谎报或者迟报。

第八十二条　有关地方人民政府和负有安全生产监督管理职责的部门的负责人接到生产安全事故报告后，应当按照生产安全事故应急救援预案的要求立即赶到事故现场，组织事故抢救。

参与事故抢救的部门和单位应当服从统一指挥，加强协同联动，采取有效的应急救援措施，并根据事故救援的需要采取警戒、疏散等措施，防止事故扩大和次生灾害的发生，减少人员伤亡和财产损失。

事故抢救过程中应当采取必要措施，避免或者减少对环境造成的危害。

任何单位和个人都应当支持、配合事故抢救，并提供一切便利条件。

第八十三条　事故调查处理应当按照科学严谨、依法依规、实事求是、注重实效的原则，及时、准确地查清事故原因，查明事故性质和责任，总结事故教训，提出整改措施，并对事故责任者提出处理意见。事故调查报告应当依法及时向社会公布。事故调查和处理的具体办法由国务院制定。

事故发生单位应当及时全面落实整改措施，负有安全生产监督管理职责的部门应当加强监督检查。

第八十四条　生产经营单位发生生产安全事故，经调查确定为责任事故的，除了应当查明事故单位的责任并依法予以追究外，还应当查明对安全生产的有关事项负有审查批准和监督职责的行政部门的责任，对有失职、渎职行为的，依照本法第八十七条的规定追究法律责任。

第八十五条　任何单位和个人不得阻挠和干涉对事故的依法调查处理。

第八十六条　县级以上地方各级人民政府安全生产监督管理部门应当定期统计分析本行政区域内发生生产安全事故的情况，并定期向社会公布。

第六章　法　律　责　任

第八十七条　负有安全生产监督管理职责的部门的工作人员，有下列行为之一的，给予降级或者撤职的处分；构成犯罪的，依照刑法有关规定追究刑事责任：

（一）对不符合法定安全生产条件的涉及安全生产的事项予以批准或者验收通过的；

（二）发现未依法取得批准、验收的单位擅自从事有关活动或者接到举报后不予取缔或者不依法予以处理的；

（三）对已经依法取得批准的单位不履行监督管理职责，发现其不再具备安全生产条件而不撤销原批准或者发现安全生产违法行为不予查处的；

（四）在监督检查中发现重大事故隐患，不依法及时处理的。

负有安全生产监督管理职责的部门的工作人员有前款规定以外的滥用职权、玩忽职守、徇私舞弊行为的，依法给予处分；构成犯罪的，依照刑法有关规定追究刑事责任。

第八十八条　负有安全生产监督管理职责的部门，要求被审查、验收的单位购买其指定的安全设备、器材或者其他产品的，在对安全生产事项的审查、验收中收取费用的，由其上级机关或者监察机关责令改正，责令退还收取的费用；情节严重的，对直接负责的主管人员和其他直接责任人员依法给予处分。

第八十九条　承担安全评价、认证、检测、检验工作的机构，出具虚假证明的，没收违法所得；违法所得在十万元以上的，并处违法所得二倍以上五倍以下的罚款；没有违法所得或者违法所得不足十万元的，单处或者并处十万元以上二十万元以下的罚款；对其直接负责的主管人员和其他直接责任人员处二万元以上五万元以下的罚款；给他人造成损害的，与生产经营单位承担连带赔偿责任；构成犯罪的，依照刑法有关规定追究刑事责任。

对有前款违法行为的机构，吊销其相应资质。

第九十条　生产经营单位的决策机构、主要负责人或者个人经营的投资人不依照本法规定保证安全生产所必需的资金投入，致使生产经营单位不具备安全生产条件的，责令限期改正，提供必需的资金；逾期未改正的，责令生产经营单位停产停业整顿。

有前款违法行为，导致发生生产安全事故的，对生产经营单位的主要负责人给予撤职处分，对个人经营的投资人处二万元以上二十万元以下的罚款；构成犯罪的，依照刑法有关规定追究刑事责任。

第九十一条　生产经营单位的主要负责人未履行本法规定的安全生产管理职责的，责令限期改正；逾期未改正的，处二万元以上五万元以下的罚款，责令生产经营单位停产停业整顿。

生产经营单位的主要负责人有前款违法行为，导致发生生产安全事故的，给予撤职处分；构成犯罪的，依照刑法有关规定追究刑事责任。

生产经营单位的主要负责人依照前款规定受刑事处罚或者撤职处分的，自刑罚执行完毕或者受处分之日起，五年内不得担任任何生产经营单位的主要负责人；对重大、特别重大生产安全事故负有责任的，终身不得担任本行业生产经营单位的主要负责人。

第九十二条 生产经营单位的主要负责人未履行本法规定的安全生产管理职责，导致发生生产安全事故的，由安全生产监督管理部门依照下列规定处以罚款：

（一）发生一般事故的，处上一年年收入百分之三十的罚款；

（二）发生较大事故的，处上一年年收入百分之四十的罚款；

（三）发生重大事故的，处上一年年收入百分之六十的罚款；

（四）发生特别重大事故的，处上一年年收入百分之八十的罚款。

第九十三条 生产经营单位的安全生产管理人员未履行本法规定的安全生产管理职责的，责令限期改正；导致发生生产安全事故的，暂停或者撤销其与安全生产有关的资格；构成犯罪的，依照刑法有关规定追究刑事责任。

第九十四条 生产经营单位有下列行为之一的，责令限期改正，可以处五万元以下的罚款；逾期未改正的，责令停产停业整顿，并处五万元以上十万元以下的罚款，对其直接负责的主管人员和其他直接责任人员处一万元以上二万元以下的罚款：

（一）未按照规定设置安全生产管理机构或者配备安全生产管理人员的；

（二）危险物品的生产、经营、储存单位以及矿山、金属冶炼、建筑施工、道路运输单位的主要负责人和安全生产管理人员未按照规定经考核合格的；

（三）未按照规定对从业人员、被派遣劳动者、实习学生进行安全生产教育和培训，或者未按照规定如实告知有关的安全生产事项的；

（四）未如实记录安全生产教育和培训情况的；

（五）未将事故隐患排查治理情况如实记录或者未向从业人员通

报的;

（六）未按照规定制定生产安全事故应急救援预案或者未定期组织演练的;

（七）特种作业人员未按照规定经专门的安全作业培训并取得相应资格，上岗作业的。

第九十五条　生产经营单位有下列行为之一的，责令停止建设或者停产停业整顿，限期改正;逾期未改正的，处五十万元以上一百万元以下的罚款，对其直接负责的主管人员和其他直接责任人员处二万元以上五万元以下的罚款;构成犯罪的，依照刑法有关规定追究刑事责任：

（一）未按照规定对矿山、金属冶炼建设项目或者用于生产、储存、装卸危险物品的建设项目进行安全评价的;

（二）矿山、金属冶炼建设项目或者用于生产、储存、装卸危险物品的建设项目没有安全设施设计或者安全设施设计未按照规定报经有关部门审查同意的;

（三）矿山、金属冶炼建设项目或者用于生产、储存、装卸危险物品的建设项目的施工单位未按照批准的安全设施设计施工的;

（四）矿山、金属冶炼建设项目或者用于生产、储存危险物品的建设项目竣工投入生产或者使用前，安全设施未经验收合格的。

第九十六条　生产经营单位有下列行为之一的，责令限期改正，可以处五万元以下的罚款;逾期未改正的，处五万元以上二十万元以下的罚款，对其直接负责的主管人员和其他直接责任人员处一万元以上二万元以下的罚款;情节严重的，责令停产停业整顿;构成犯罪的，依照刑法有关规定追究刑事责任：

（一）未在有较大危险因素的生产经营场所和有关设施、设备上设置明显的安全警示标志的;

（二）安全设备的安装、使用、检测、改造和报废不符合国家标准或者行业标准的；

（三）未对安全设备进行经常性维护、保养和定期检测的；

（四）未为从业人员提供符合国家标准或者行业标准的劳动防护用品的；

（五）危险物品的容器、运输工具，以及涉及人身安全、危险性较大的海洋石油开采特种设备和矿山井下特种设备未经具有专业资质的机构检测、检验合格，取得安全使用证或者安全标志，投入使用的；

（六）使用应当淘汰的危及生产安全的工艺、设备的。

第九十七条 未经依法批准，擅自生产、经营、运输、储存、使用危险物品或者处置废弃危险物品的，依照有关危险物品安全管理的法律、行政法规的规定予以处罚；构成犯罪的，依照刑法有关规定追究刑事责任。

第九十八条 生产经营单位有下列行为之一的，责令限期改正，可以处十万元以下的罚款；逾期未改正的，责令停产停业整顿，并处十万元以上二十万元以下的罚款，对其直接负责的主管人员和其他直接责任人员处二万元以上五万元以下的罚款；构成犯罪的，依照刑法有关规定追究刑事责任：

（一）生产、经营、运输、储存、使用危险物品或者处置废弃危险物品，未建立专门安全管理制度、未采取可靠的安全措施的；

（二）对重大危险源未登记建档，或者未进行评估、监控，或者未制定应急预案的；

（三）进行爆破、吊装以及国务院安全生产监督管理部门会同国务院有关部门规定的其他危险作业，未安排专门人员进行现场安全管理的；

（四）未建立事故隐患排查治理制度的。

第九十九条　生产经营单位未采取措施消除事故隐患的，责令立即消除或者限期消除；生产经营单位拒不执行的，责令停产停业整顿，并处十万元以上五十万元以下的罚款，对其直接负责的主管人员和其他直接责任人员处二万元以上五万元以下的罚款。

第一百条　生产经营单位将生产经营项目、场所、设备发包或者出租给不具备安全生产条件或者相应资质的单位或者个人的，责令限期改正，没收违法所得；违法所得十万元以上的，并处违法所得二倍以上五倍以下的罚款；没有违法所得或者违法所得不足十万元的，单处或者并处十万元以上二十万元以下的罚款；对其直接负责的主管人员和其他直接责任人员处一万元以上二万元以下的罚款；导致发生生产安全事故给他人造成损害的，与承包方、承租方承担连带赔偿责任。

生产经营单位未与承包单位、承租单位签订专门的安全生产管理协议或者未在承包合同、租赁合同中明确各自的安全生产管理职责，或者未对承包单位、承租单位的安全生产统一协调、管理的，责令限期改正，可以处五万元以下的罚款，对其直接负责的主管人员和其他直接责任人员可以处一万元以下的罚款；逾期未改正的，责令停产停业整顿。

第一百零一条　两个以上生产经营单位在同一作业区域内进行可能危及对方安全生产的生产经营活动，未签订安全生产管理协议或者未指定专职安全生产管理人员进行安全检查与协调的，责令限期改正，可以处五万元以下的罚款，对其直接负责的主管人员和其他直接责任人员可以处一万元以下的罚款；逾期未改正的，责令停产停业。

第一百零二条　生产经营单位有下列行为之一的，责令限期改正，可以处五万元以下的罚款，对其直接负责的主管人员和其他直接责任人员可以处一万元以下的罚款；逾期未改正的，责令停产停业整顿；构成犯罪的，依照刑法有关规定追究刑事责任：

（一）生产、经营、储存、使用危险物品的车间、商店、仓库与员工宿舍在同一座建筑内，或者与员工宿舍的距离不符合安全要求的；

（二）生产经营场所和员工宿舍未设有符合紧急疏散需要、标志明显、保持畅通的出口，或者锁闭、封堵生产经营场所或者员工宿舍出口的。

第一百零三条 生产经营单位与从业人员订立协议，免除或者减轻其对从业人员因生产安全事故伤亡依法应承担的责任的，该协议无效；对生产经营单位的主要负责人、个人经营的投资人处二万元以上十万元以下的罚款。

第一百零四条 生产经营单位的从业人员不服从管理，违反安全生产规章制度或者操作规程的，由生产经营单位给予批评教育，依照有关规章制度给予处分；构成犯罪的，依照刑法有关规定追究刑事责任。

第一百零五条 违反本法规定，生产经营单位拒绝、阻碍负有安全生产监督管理职责的部门依法实施监督检查的，责令改正；拒不改正的，处二万元以上二十万元以下的罚款；对其直接负责的主管人员和其他直接责任人员处一万元以上二万元以下的罚款；构成犯罪的，依照刑法有关规定追究刑事责任。

第一百零六条 生产经营单位的主要负责人在本单位发生生产安全事故时，不立即组织抢救或者在事故调查处理期间擅离职守或者逃匿的，给予降级、撤职的处分，并由安全生产监督管理部门处上一年年收入百分之六十至百分之一百的罚款；对逃匿的处十五日以下拘留；构成犯罪的，依照刑法有关规定追究刑事责任。

生产经营单位的主要负责人对生产安全事故隐瞒不报、谎报或者迟报的，依照前款规定处罚。

第一百零七条　有关地方人民政府、负有安全生产监督管理职责的部门，对生产安全事故隐瞒不报、谎报或者迟报的，对直接负责的主管人员和其他直接责任人员依法给予处分；构成犯罪的，依照刑法有关规定追究刑事责任。

第一百零八条　生产经营单位不具备本法和其他有关法律、行政法规和国家标准或者行业标准规定的安全生产条件，经停产停业整顿仍不具备安全生产条件的，予以关闭；有关部门应当依法吊销其有关证照。

第一百零九条　发生生产安全事故，对负有责任的生产经营单位除要求其依法承担相应的赔偿等责任外，由安全生产监督管理部门依照下列规定处以罚款：

（一）发生一般事故的，处二十万元以上五十万元以下的罚款；

（二）发生较大事故的，处五十万元以上一百万元以下的罚款；

（三）发生重大事故的，处一百万元以上五百万元以下的罚款；

（四）发生特别重大事故的，处五百万元以上一千万元以下的罚款；情节特别严重的，处一千万元以上二千万元以下的罚款。

第一百一十条　本法规定的行政处罚，由安全生产监督管理部门和其他负有安全生产监督管理职责的部门按照职责分工决定。予以关闭的行政处罚由负有安全生产监督管理职责的部门报请县级以上人民政府按照国务院规定的权限决定；给予拘留的行政处罚由公安机关依照治安管理处罚法的规定决定。

第一百一十一条　生产经营单位发生生产安全事故造成人员伤亡、他人财产损失的，应当依法承担赔偿责任；拒不承担或者其负责人逃匿的，由人民法院依法强制执行。

生产安全事故的责任人未依法承担赔偿责任，经人民法院依法采取执行措施后，仍不能对受害人给予足额赔偿的，应当继续履行赔偿义务；受害人发现责任人有其他财产的，可以随时请求人民法院执行。

第七章　附　　则

第一百一十二条　本法下列用语的含义：

危险物品，是指易燃易爆物品、危险化学品、放射性物品等能够危及人身安全和财产安全的物品。

重大危险源，是指长期地或者临时地生产、搬运、使用或者储存危险物品，且危险物品的数量等于或者超过临界量的单元（包括场所和设施）。

第一百一十三条　本法规定的生产安全一般事故、较大事故、重大事故、特别重大事故的划分标准由国务院规定。

国务院安全生产监督管理部门和其他负有安全生产监督管理职责的部门应当根据各自的职责分工，制定相关行业、领域重大事故隐患的判定标准。

第一百一十四条　本法自 2002 年 11 月 1 日起施行。

中央企业应急管理暂行办法

第一章　总　　则

第一条　为进一步加强和规范中央企业应急管理工作，提高中央企业防范和处置各类突发事件的能力，最大程度地预防和减少突发事件及其造成的损害和影响，保障人民群众生命财产安全，维护国家安全和社会稳定，根据《中华人民共和国突发事件应对法》《中华人民共和国企业国有资产法》《国家突发公共事件总体应急预案》《国务院关于全面加强应急管理工作的意见》（国发〔2006〕24 号）等有关法律法规、规定，制定本办法。

第二条　突发事件是指突然发生，造成或者可能造成严重社会危害，需要采取应急处置措施予以应对的自然灾害、事故灾难、公共卫生事件和社会安全事件。

（一）自然灾害。主要包括水旱灾害、气象灾害、地震灾害、地质灾害、海洋灾害、生物灾害和森林草原火灾等。

（二）事故灾难。主要包括工矿商贸等企业的各类安全事故、交通运输事故、公共设施和设备事故、环境污染和生态破坏事件等。

（三）公共卫生事件。主要包括传染病疫情、群体性不明原因疾病、食品安全和职业危害、动物疫情，以及其他严重影响公众健康和生命安全的事件。

（四）社会安全事件。主要包括恐怖袭击事件、民族宗教事件、经济安全事件、涉外突发事件和群体性事件等。

第三条　本办法所称中央企业，是指国务院国有资产监督管理委员会（以下简称国资委）根据国务院授权履行出资人职责的国家出资企业。

第四条 中央企业应急管理是指中央企业在政府有关部门的指导下对各类突发事件的预防与应急准备、监测与预警、应急处置与救援、事后恢复与重建等活动的全过程管理。

第五条 中央企业应急管理工作应依法接受政府有关部门的监督管理。

第六条 国资委对中央企业的应急管理工作履行以下监管职责：

（一）指导、督促中央企业落实国家应急管理方针政策及有关法律法规、规定和标准。

（二）指导、督促中央企业建立完善各类突发事件应急预案，开展预案的培训和演练。

（三）指导、督促中央企业落实各项防范和处置突发事件的措施，及时有效应对企业各类突发事件，做好舆论引导工作。

（四）参与国家有关部门或适当组织对中央企业应急管理的检查、督查。

（五）指导、督促中央企业参与社会重大突发事件的应急处置与救援。

（六）配合国家有关部门对中央企业在突发事件应对中的失职渎职责任进行追究。

第二章 工作责任和组织体系

第七条 中央企业应当认真履行应急管理主体责任，贯彻落实国家应急管理方针政策及有关法律法规、规定，建立和完善应急管理责任制，应急管理责任制应覆盖本企业全体职工和岗位、全部生产经营和管理过程。

第八条 中央企业应当全面履行以下应急管理职责：

（一）建立健全应急管理体系，完善应急管理组织机构。

（二）编制完善各类突发事件的应急预案，组织开展应急预案的培训和演练，并持续改进。

（三）督促所属企业主动与所在地人民政府应急管理体系对接，建立应急联动机制。

（四）加强企业专（兼）职救援队伍和应急平台建设。

（五）做好突发事件的报告、处置和善后工作，做好突发事件的舆情监测、信息披露、新闻危机处置。

（六）积极参与社会突发事件的应急处置与救援。

第九条　中央企业主要负责人是本企业应急管理的第一责任人，对本企业应急管理工作负总责。中央企业各类突发事件应急管理的分管负责人，协助主要负责人落实应急管理方针政策及有关法律法规、规定和标准，统筹协调和管理企业相应突发事件的应急管理工作，对企业应急管理工作负重要领导责任。

第十条　中央企业应当对其独资、控股及参股企业的应急管理认真履行以下监督管理责任：

（一）监督管理独资及控股子企业应急管理组织机构设置情况；应急管理制度建立情况；应急预案编制、评估、备案、培训、演练情况；应急管理投入、专（兼）职救援队伍和应急平台建设情况；及时报告、处置突发事件等情况。

（二）将独资及控股子企业纳入中央企业应急管理体系，严格应急管理的检查、考核、奖惩和责任追究。

（三）对参股等其他类子企业，中央企业应按照相关法律法规的要求，通过经营合同、公司章程、协议书等明确各股权方的应急管理责任。

第十一条　中央企业应当建立健全应急管理组织体系，明确本企业应急管理的综合协调部门和各类突发事件分管部门的职责。

（一）应急管理机构和人员。

中央企业应当按照有关规定，成立应急领导机构，设置或明确应急管理综合协调部门和专项突发事件应急管理分管部门，配置专（兼）职应急管理人员，其任职资格和配备数量，应符合国家和行业的有关规定；国家和行业没有明确规定的，应根据本企业的生产经营内容和性质、管理范围、管理跨度等，配备专（兼）职应急管理人员。

（二）应急管理工作领导机构。

中央企业要成立应急管理领导小组，负责统一领导本企业的应急管理工作，研究决策应急管理重大问题和突发事件应对办法。领导机构主要负责人应当由企业主要负责人担任，并明确一位企业负责人具体分管领导机构的日常工作。领导机构应当建立工作制度和例会制度。

（三）应急管理综合协调部门。

应急管理综合协调部门负责组织企业应急体系建设，组织编制企业总体应急预案，组织协调分管部门开展应急管理日常工作。在跨界突发事件应急状态下，负责综合协调企业内部资源、对外联络沟通等工作。

（四）应急管理分管部门。

应急管理分管部门负责专项应急预案的编制、评估、备案、培训和演练，负责专项突发事件应急管理的日常工作，分管专项突发事件的应急处置。

第三章　工　作　要　求

第十二条　中央企业应急管理工作必须坚持预防为主、预防与处置相结合的原则，按照"统一领导、综合协调、分类管理、分级负责、企地衔接"的要求，建立"上下贯通、多方联动、协调有序、运转高效"的应急管理机制，开展应急管理常态工作。

第十三条 中央企业应建立完善应急管理体系，积极借鉴国内外应急管理先进理念，采用科学的应急管理方法和技术手段，不断提高应急管理水平。

（一）中央企业应当将应急管理体系建设规划纳入企业总体发展战略规划，使应急管理体系建设与企业发展同步实施、同步推进。

（二）中央企业应急管理体系建设应当包括：应急管理组织体系、应急预案体系、应急管理制度体系、应急培训演练体系、应急队伍建设体系、应急保障体系等。

（三）中央企业应当加强应急管理体系的运行管理，及时发现应急管理体系存在的问题，持续改进、不断完善，确保企业应急管理体系有效运行。

第十四条 中央企业应当加强各类突发事件的风险识别、分析和评估，针对突发事件的性质、特点和可能造成的社会危害，编制企业总体应急预案、专项应急预案和现场处置方案，形成"横向到边、纵向到底、上下对应、内外衔接"的应急预案体系。中央企业应当加强预案管理，建立应急预案的评估、修订和备案管理制度。

第十五条 中央企业应当加强风险监测，建立突发事件预警机制，针对可能发生的各类突发事件，及时采取措施，防范各类突发事件的发生，减少突发事件造成的危害。

第十六条 中央企业应当加强各级企业负责人、管理人员和作业人员的应急培训，提高应急指挥和救援人员的应急管理水平和专业技能，提高全员的应急意识和防灾、避险、自救、互救能力；要组织编制有针对性的培训教材，分层次开展全员应急培训。

第十七条　中央企业应当有计划地组织开展多种形式、节约高效的应急预案演练，突出演练的针对性和实战性，认真做好演练的评估工作，对演练中发现的问题和不足持续改进，提高应对各类突发事件的能力。

第十八条　中央企业应当按照专业救援和职工参与相结合、险时救援和平时防范相结合的原则，建设以专业队伍为骨干、兼职队伍为辅助、职工队伍为基础的企业应急救援队伍体系。

第十九条　中央企业应当加强应急救援基地建设。煤矿和非煤矿山、石油、化工、电力、通信、民航、水上运输、核工业等企业应当建设符合专业特点、布局配置合理的应急救援基地，积极参加国家级和区域性应急救援基地建设。

第二十条　中央企业应当加强综合保障能力建设，加强应急装备和物资的储备，满足突发事件处置需求，了解掌握企业所在地周边应急资源情况，并在应急处置中互相支援。

第二十一条　中央企业应当加大应急管理投入力度，切实保障应急体系建设、应急基地和队伍建设、应急装备和物资储备、应急培训演练等的资金需求。

第二十二条　中央企业应当加强与地方人民政府及其相关部门应急预案的衔接工作，建立政府与企业之间的应急联动机制，统筹配置应急救援组织机构、队伍、装备和物资，共享区域应急资源。加强与所在地人民政府、其他企业之间的应急救援联动，有针对性地组织开展联合应急演练，充分发挥应对重大突发事件区域一体化联防功能，提高共同应对突发事件的能力和水平。

第二十三条　中央企业应当建设满足应急需要的应急平台，构建完善的突发事件信息网络，实现突发事件信息快速、及时、准确地收集和报送，为应急指挥决策提供信息支撑和辅助手段。

第二十四条　中央企业应当充分发挥保险在突发事件预防、处置和恢复重建等方面的作用，大力推进意外伤害保险和责任保险制度建设，完善对专业和兼职应急队伍的工伤保险制度。

第二十五条　中央企业应当积极推进科技支撑体系建设，紧密跟踪国内外先进应急理论、技术发展，针对企业应急工作的重点和难点，加强与科研机构的联合攻关，积极研发和使用突发事件预防、监测、预警、应急处置与救援的新技术、新设备。

第二十六条　中央企业应当建立突发事件信息报告制度。突发事件发生后，要立即向所在地人民政府报告，并按照要求向国务院有关部门和国资委报告，情况紧急时，可直接向国务院报告。信息要做到及时、客观、真实，不得迟报、谎报、瞒报、漏报。

第二十七条　中央企业应当建立突发事件统计分析制度，及时、全面、准确地统计各类突发事件发生起数、伤亡人数、造成的经济损失等相关情况，并纳入企业的统计指标体系。

第二十八条　造成人员伤亡或生命受到威胁的突发事件发生后，中央企业应当立即启动应急预案，组织本单位应急救援队伍和工作人员营救受害人员，疏散、撤离、安置受到威胁的人员，控制危险源，标明危险区域，封锁危险场所，并采取防止危害扩大的必要措施，同时及时向所在地人民政府和有关部门报告；对因本单位的问题引发的或者主体是本单位人员的社会安全事件，有关单位应当按照规定上报情况，并迅速派出负责人赶赴现场开展劝解、疏导工作；突发事件处置过程中，应加强协调，服从指挥。

第二十九条　中央企业应当建立突发事件信息披露机制，突发事件发生后，应第一时间启动新闻宣传应急预案、全面开展舆情监测、拟定媒体应答口径，做好采访接待准备，并按照有关规定和政府有关部门的统一安排，及时准确地向社会、媒体、员工披露有关突发事件事态发展和应急处置进展情况的信息。

第三十条　突发事件的威胁和危害得到控制或者消除后，中央企业应当按照政府有关部门的要求解除应急状态，并及时组织对突发事件造成的损害进行评估，开展或协助开展突发事件调查处理，查明发生经过和原因，总结经验教训，制定改进措施，尽快恢复正常的生产。

第四章　社　会　救　援

第三十一条　中央企业在做好本企业应急救援工作的同时，要切实履行社会责任，积极参与各类社会公共突发事件的应对处置，在政府的统一领导下，发挥自身专业技术、装备、资源优势，开展应急救援，共同维护社会稳定和人民群众生命财产安全。

第三十二条　社会公共突发事件发生后，相关中央企业应当按照政府及有关部门要求，在能力范围内积极提供电力、通信、油气、交通等救援保障和食品、药品等生活保障。

第三十三条　中央企业应当建立重大自然灾害捐赠制度，规范捐赠行为，进行捐赠的中央企业必须按照规定及时向国资委报告和备案。

第三十四条　参与社会公共突发事件救援的中央企业，应当及时向国资委报告参与救援的实时信息。

第五章　监　督　与　奖　惩

第三十五条　国资委组织开展中央企业应急管理工作的督查工作，督促中央企业落实应急管理有关规定，提高中央企业应急管理工作水平，并酌情对检查结果予以通报。

第三十六条　中央企业违反本办法，不履行应急管理职责的，国资委将责令其改正或予以通报批评；具有以下情形的，国资委将按照干部管理权限追究相关责任人的责任；涉嫌犯罪的，依法移送司法机关处理。

（一）未按照规定采取预防措施，导致发生突发事件，或者未采取必要的防范措施，导致发生次生、衍生事件的。

（二）迟报、谎报、瞒报、漏报有关突发事件的信息，或者通报、报送、公布虚假信息，造成严重后果的。

（三）未按照规定及时发布突发事件预警信息、采取预警措施，导致事件发生的。

（四）未按照规定及时采取措施处置突发事件或者处置不当，造成严重后果的。

第三十七条　国资委对认真贯彻执行本办法和应对突发事件作出突出贡献的中央企业予以表彰，中央企业应当对作出突出贡献的基层单位和个人进行表彰奖励。

第三十八条　中央企业参与突发事件救援遭受重大经济损失的，国资委将按照国务院有关规定给予国有资本预算补助，并在当年中央企业负责人经营业绩考核中酌情考虑。

第六章　附　　则

第三十九条　突发事件的分类分级按照《中华人民共和国突发事件应对法》《国家突发公共事件总体应急预案》有关规定执行。

第四十条　中央企业境外机构应当首先遵守所在国相关法律法规，参照本办法执行。

第四十一条　本办法由国资委负责解释。

第四十二条　本办法自印发之日起施行。

国家电网有限公司应急工作管理规定

第一章 总 则

第一条 为了全面规范和加强国家电网有限公司（以下简称"公司"）应急工作，提高公司应对突发事件的能力，正确、高效、快速处置各类突发事件，最大限度地预防和减少突发事件及其造成的损失和影响，保障公司正常生产经营秩序，维护国家安全、社会稳定和人民生命财产安全，维护公司品牌和社会形象，特制定本规定。

第二条 本规定所指应急工作，是指公司应急体系建设与运维，突发事件的预防与应急准备、监测与预警、应急处置与救援、事后恢复与重建等工作。

第三条 本规定所称突发事件，是指突然发生，造成或者可能造成严重社会危害，需要公司采取应急处置措施予以应对，或者参与应急救援的自然灾害、事故灾难、公共卫生事件和社会安全事件。

按照突发事件的性质、危害程度、影响范围等因素，上述突发事件分为特别重大、重大、较大和一般四级。分级标准执行国家相关规定，国家无明确规定的，由公司相关职能部门在专项应急预案中确定，或由公司应急领导小组研究决定。

第四条 公司应急工作原则如下：

以人为本，减少危害。在做好企业自身突发事件应对处置的同时，切实履行社会责任，把保障人民群众和公司员工的生命财产安全作为首要任务，最大程度减少突发事件及其造成的人员伤亡和各类危害；

居安思危，预防为主。坚持"安全第一、预防为主、综合治理"

的方针，树立常备不懈的观念，增强忧患意识，防患于未然，预防与应急相结合，做好应对突发事件的各项准备工作；

统一指挥，分级负责。落实党中央、国务院的部署，坚持政府主导，在公司党组的统一指挥下，按照综合协调、分类管理、分级负责、属地管理为主的要求，开展突发事件预防和处置工作；

把握全局，突出重点。牢记企业宗旨，服务社会稳定大局，采取必要手段保证电网安全，通过灵活方式重点保障关系国计民生的重要客户、高危客户及人民群众基本生活用电；

快速反应，协同应对。充分发挥公司集团化优势，建立健全"上下联动、区域协作"快速响应机制，加强与政府的沟通协作，整合内外部应急资源，协同开展突发事件处置工作；

依靠科技，提高能力。加强突发事件预防、处置科学技术研究和开发，采用先进的监测预警和应急技术装备，充分发挥公司专家队伍和专业人员的作用，加强宣传和培训，提高员工自救、互救和应对突发事件的综合能力。

第五条　本规定适用于公司总（分）部、各单位及所属境内各级单位（含全资、控股、代管单位）的应急管理工作。

集体企业参照执行，境外全资、控股单位根据当地监管要求参照执行。

第二章　组织机构及职责

第六条　公司建立由各级应急领导小组及其办事机构组成的，自上而下的应急领导体系；由安全监察部（保卫部）门归口管理、各职能部门分工负责的应急管理体系；根据突发事件类别，成立大面积停电、地震、设备设施损坏、雨雪冰冻、台风、防汛、网络安全等专项事件应急处置领导机构。

形成领导小组统一领导、专项事件应急处置领导小组分工负责、办事机构牵头组织、有关部门分工落实、党政工团协助配合、企业上下全员参与的应急组织体系，实现应急管理工作的常态化。

第七条　公司应急领导小组全面领导应急工作。应急领导小组职能由安委会行使，组长由安委会主任（董事长）担任，常务副组长由安委会常务副主任（总经理）担任，副组长由安委会副主任担任，成员由安委会其他成员担任。

第八条　专项事件应急处置领导小组是公司处置具体突发事件的领导机构，组长一般由安委会副主任担任，成员由公司有关助理、总师和相关部门负责人担任。当发生突发事件，专项事件应急处置领导小组按照分工协调、组织、指导突发事件处置工作，同时将处置情况汇报公司应急领导小组。如发生复杂次生衍生事件，公司应急领导小组可根据突发事件处置需要直接决策，或授权专项事件应急处置领导小组处置指挥。

第九条　公司应急领导小组下设安全应急办公室和稳定应急办公室（两个应急办公室以下均简称"应急办"）作为办事机构。

安全应急办设在安全监察部（保卫部），负责自然灾害、事故灾难类突发事件，以及社会安全类突发事件造成的公司所属设施损坏、人员伤亡事件的有关工作。

稳定应急办设在办公厅，负责公共卫生、社会安全类突发事件的有关工作。

第十条　专项事件应急处置领导小组办公室设在事件处置牵头负责部门，办公室主任由该部门主要负责人担任，成员由相关部门人员组成。负责各具体突发事件的有关工作，并按事件类型分别向公司相应的应急办汇报。其中，自然灾害、事故灾难类突发事件向公司安全应急办汇报；公共卫生、社会安全类突发事件向公司稳定应急办汇报。

第十一条　国网安监部是公司应急管理归口部门，负责日常应急管理、监督应急办各成员部门应急体系建设与运维、突发事件预警与应对处置的协调或组织指挥、协同办公厅与政府相关部门的沟通汇报等工作。

第十二条　各职能部门按照"谁主管、谁负责"原则，贯彻落实公司应急领导小组有关决定事项，负责管理范围内的应急体系建设与运维、相关突发事件预警与应对处置的组织指挥、与政府专业部门的沟通协调等工作。

第十三条　各分部参照总部成立应急领导小组、安全应急办公室和稳定应急办公室，明确应急管理归口部门，视情况成立相关事件应急处置指挥机构，形成健全的应急组织体系，按照总、分部一体化要求，常态开展应急管理工作。

第十四条　各省（自治区、直辖市）电力公司、直属单位应建立健全应急工作责任制，主要负责人是本单位应急工作第一责任人，对本单位的应急工作全面负责。其他分管领导协助主要负责人开展工作，是分管范围内应急工作的第一责任人，对分管范围内应急工作负领导责任，向主要负责人负责。

第十五条　公司各单位相应成立应急领导小组，组长由本单位主要负责人担任。根据突发事件类别，成立大面积停电、地震、设备设施损坏、雨雪冰冻、台风、防汛、网络安全等若干专项事件应急处置领导小组，由本单位分管负责人担任。领导小组成员名单及常用通信联系方式逐级上报备案。

第十六条　公司各单位应急领导小组主要职责：贯彻落实国家应急管理法律法规、方针政策及标准体系；贯彻落实公司及地方政府和有关部门应急管理规章制度；接受上级应急领导小组和地方政府应急指挥机构的领导；研究本单位重大应急决策和部署；研究建立和完善本单位应急体系；统一领导和指挥本单位应急处置实施工作。

第十七条　公司各单位专项事件应急处置领导小组主要职责：执行本单位党组的决策部署；领导协调本单位专项突发事件的应急处置工作；宣布本单位进入和解除应急状态，决定启动、调整和终止应急响应；领导、协调具体突发事件的抢险救援、恢复重建及信息发布和舆论引导工作。

第十八条　公司各单位应急领导小组下设安全应急办公室和稳定应急办公室。安全应急办公室设在安全监察部（保卫部）门，稳定应急办公室设在办公室（或综合管理部门），工作职责同第九条规定的公司安全应急办公室和稳定应急办公室的职责。

第十九条　公司各单位专项事件应急处置领导小组下设办公室，办公室设在事件处置牵头负责部门，办公室主任由该部门主要负责人担任，成员由相关部门人员组成。工作职责同第十条规定的公司专项事件应急处置领导小组办公室。

第二十条　公司各单位安全监察部（保卫部）门及其他职能部门应急工作职责分工，同第十一条国网安监部、第十二条国网各职能部门职责。

第二十一条　公司各单位根据突发事件处置需要，由专项事件应急处置指挥机构启动应急响应，组织、协调、指挥应急处置。专项事件应急处置指挥机构应与上级相关机构保持衔接。

第三章　应急体系建设

第二十二条　公司建立"统一指挥、结构合理、功能实用、运转高效、反应灵敏、资源共享、保障有力"的应急体系，形成快速响应机制，提升综合应急能力。

第二十三条　应急体系建设内容包括：持续完善应急组织体系、应急制度体系、应急预案体系、应急培训演练体系、应急科技支撑体系，不断提高公司应急队伍处置救援能力、综合保障能力、舆情应对能力、恢复重建能力，建设预防预测和监控预警系统、应急信息与指挥系统。

第二十四条　应急预案体系由总体应急预案、专项应急预案、部门应急预案、现场处置方案构成（见附件），应满足"横向到边、纵向到底、上下对应、内外衔接"的要求。总（分）部、各单位设总体应急预案、专项应急预案，视情况制定部门应急预案和现场处置方案，明确本部门或关键岗位应对特定突发事件的处置工作。

市级供电公司、县级供电企业设总体应急预案、专项应急预案、现场处置方案，视情况制定部门应急预案；公司其他单位根据工作实际，参照设置相应应急预案；公司各级职能部门、生产车间，根据工作实际设现场处置方案；建立应急救援协调联动机制的单位，应联合编制应对区域性或重要输变电设施突发事件的应急预案。

第二十五条　应急制度体系是组织应急工作过程和进行应急工作管理的规则与制度的总和，是公司规章制度的重要组成部分，包括应急技术标准，以及其他应急方面规章性文件。

第二十六条　应急培训演练体系包括专业应急培训演练基地及设施、应急培训师资队伍、应急培训大纲及教材、应急演练方式方法，以及应急培训演练机制。

第二十七条　应急科技支撑体系包括为公司应急管理、突发事件处置提供技术支持和决策咨询，并承担公司应急理论、应急技术与装备研发任务的公司内外应急专家及科研院所应急技术力量，以及相关应急技术支撑和科技开发机制。

第二十八条　应急队伍由应急救援基干分队、应急抢修队伍和应急专家队伍组成。应急救援基干分队负责快速响应实施突发事件应急救援；应急抢修队伍承担公司电网设施大范围损毁修复等任务；应急专家队伍为公司应急管理和突发事件处置提供技术支持和决策咨询；加强与社会应急救援力量合作，形成有能力、有组织、易动员的电力应急抢险救援后备力量。各单位应及时将应急队伍建立情况按照国家有关规定报送县级以上人民政府负有安全生产监督管理职责的部门，并依法向社会公布。

第二十九条　综合保障能力是指公司在物资、资金等方面，保障应急工作顺利开展的能力。包括各级应急指挥中心、电网备用调度系统、应急电源系统、应急通信系统、应急相关信息系统、信息通信备用调度系统、特种应急装备、应急物资储备及配送、应急后勤保障、应急资金保障、直升机应急保障、高空应急救援等方面内容。

第三十条　舆情应对能力是指按照公司品牌建设规划推进和国家应急信息披露各项要求，规范信息发布工作，建立舆情监测、分析、应对、引导常态机制，主动宣传和维护公司品牌形象的能力。

第三十一条　恢复重建能力包括事故灾害快速反应机制与能力、人员自救互救水平、事故灾害损失及恢复评估、事故灾害现场恢复、事故灾害生产经营秩序和灾后人员心理恢复等方面内容。

第三十二条　预防预测和监控预警系统是指通过整合公司内部风险分析、隐患排查等管理手段，各种在线与离线电网、设备监测监控、带电检测等技术手段，以及与政府相关专业部门建立信息沟通机制获得的自然灾害等突发事件预测预警信息，依托智能电网建设和信息技术发展成果，形成覆盖公司各专业的监测预警技术系统。

第三十三条　应急信息和指挥系统是指在较为完善的信息网络基础上，构建的先进实用的应急管理信息平台，实现应急工作管理，应急预警、值班，信息报送、统计，辅助应急指挥等功能，满足公司各级应急指挥中心互联互通，以及与政府相关应急指挥中心联通要求，完成指挥员与现场的高效沟通及信息快速传递，为应急管理和指挥决策提供丰富的信息支撑和有效的辅助手段。同时，各单位还应配合政府相关部门建立生产安全事故应急救援信息系统，并通过系统进行应急预案备案和相关信息报送。

第三十四条　总（分）部及公司各单位均应组织编制应急体系建设规划，纳入企业发展总体规划一并实施。公司各单位还应据此建立应急体系建设项目储备库，逐年滚动修订完善建设项目，并制定年度应急工作计划，纳入本单位年度综合计划，同步实施，同步督查，同步考核。

第三十五条　公司各单位应急管理归口部门及相关职能部门均应根据自身管理范围，制定计划，组织协调，开展应急体系相关内容建设，确保应急体系运转良好，发挥应急体系作用，应对处置突发事件。

第四章　预防与应急准备

第三十六条　电网规划、设计、建设和运行过程中，应充分考虑自然灾害等各类突发事件影响，以及发展裕度持续改善布局结构，使之满足防灾抗灾要求，符合国家预防和处置自然灾害等突发事件的需要。

第三十七条　公司各单位均应建立健全突发事件风险评估、隐患排查治理常态机制，掌握各类风险隐患情况，落实防范和处置措施，减少突发事件发生，减轻或消除突发事件影响。

第三十八条　分层分级建立相关省电力公司（直属单位）、市级供电公司（厂矿企业、专业公司）、县级供电企业间应急救援协调联动和资源共享机制；公司各单位还应研究建立与地方政府有关部门、相关非公司所属企事业、社会团体间的协作支援，协同开展突发事件处置工作。

第三十九条 公司各单位均应与当地气象、水利、地震、地质、交通、消防、公安等政府专业部门建立信息沟通机制，共享信息，提高预警和处置的科学性，并与地方政府、社会机构、发电企业、电力用户建立应急沟通与协调机制。

第四十条 公司各单位均应定期开展应急能力评估活动，应急能力评估宜由本单位以外专业评估机构或专业人员按照既定评估标准，运用核实、考问、推演、分析等方法，客观、科学的评估应急能力的状况、存在的问题，指导本单位有针对性开展应急体系建设。

第四十一条 公司各单位应加强应急救援基干分队、应急抢修队伍、应急专家队伍的建设与管理。配备先进的装备和充足的物资，定期组织培训演练，提高应急能力。

第四十二条 总部及公司各单位应加大应急培训和科普宣教力度，针对所属应急救援基干分队和应急抢修队伍，定期开展不同层面的应急理论、专业知识、技能、身体素质和心理素质等培训。应急救援人员经培训合格后，方可参加应急救援工作。应结合实际经常向应急从业人员进行应急教育和培训，保证从业人员具备必要的应急知识，掌握风险防范技能和事故应急措施。

第四十三条 总部及公司各单位均应按应急预案要求定期组织开展应急演练，每三年至少组织一次大型综合应急演练，每半年至少开展一次专项应急预案演练，且三年内各专项应急预案至少演练一次；每半年至少开展一次现场处置方案应急演练，且三年内各现场处置方案至少演练一次，演练可采用桌面推演、实战演练等多种形式。

涉及易燃易爆物品、危险化学品等危险物品的经营、储存单位，施工单位，以及宾馆、商场、娱乐场所、旅游景区等人员密集场所经营单位，应当至少每半年组织一次生产安全事故应急预案演练，并将演练情况报送所在地县级以上地方人民政府负有安全生产监督管理职责的部门。

相关单位应组织专家对演练进行评估，分析存在问题，提出改进意见。涉及政府部门、公司系统以外企事业单位的演练，其评估应有外部人员参加。演练评估中发现的问题，应当限期改正。

第四十四条　总部及公司各单位应加强应急指挥中心运行管理，定期进行设备检查调试，组织开展相关演练，保证应急指挥中心随时可以启用。

第四十五条　总部及公司各单位应开展重大舆情预警研判工作，完善舆情监测与危机处置联动机制，加强信息披露、新闻报道的组织协调，深化与主流媒体合作，营造良好舆论环境。

第四十六条　加强应急工作计划管理，公司各单位应按时编制、上报年度工作计划；公司下达的年度应急工作计划相关内容及本单位年度工作计划均应纳入本单位年度综合计划，认真实施，严格考核。

第四十七条　公司各单位应加强应急专业数据统计分析和总结评估工作，及时、全面、准确地统计各类突发事件，编写并及时向公司应急管理归口部门报送年度（半年）应急管理和突发事件应急处置总结评估报告、季度（年度）报表。

各单位应急管理归口部门可通过生产安全事故应急救援信息系统报送应急救援预案演练情况和应急救援队伍建设情况。

第四十八条　公司各单位要严格执行有关规定，落实责任，完善流程，严格考核，确保突发事件信息报告及时、准确、规范。

第五章 监测与预警

第四十九条　公司各单位应及时汇总分析突发事件风险，对发生突发事件的可能性及其可能造成的影响进行分析、评估，并不断完善突发事件监测网络功能，依托各级行政、生产、调度值班和应急管理组织机构，及时获取和快速报送相关信息。

第五十条　总（分）部、公司各单位应不断完善应急值班制度，按照部门职责分工，成立重要活动、重要会议、重大稳定事件、重大安全事件处理、重要信息报告、重大新闻宣传、办公场所服务保障和网络安全处理等应急值班小组，负责重要节假日或重要时期24小时值班，确保通信联络畅通，收集整理、分析研判、报送反馈和及时处置重大事项相关信息。

危险物品的生产、经营、储存、运输单位以及矿山、金属冶炼、建筑施工单位，以及应急救援队伍等应当建立应急值班制度，配备应急值班人员。

规模较大、危险性较高的易燃易爆物品、危险化学品等危险物品的经营、储存单位应当成立应急处置技术组，实行24小时应急值班。

第五十一条　突发事件发生后，事发单位应及时向上一级单位行政值班机构和专业部门报告，情况紧急时可越级上报。根据突发事件影响程度，依据相关要求报告当地政府有关部门。

信息报告时限执行政府主管部门及公司相关规定。

突发事件信息报告包括即时报告、后续报告，报告方式有电子邮件、传真、电话、短信等（短信方式需收到对方回复确认）。

事发单位、应急救援单位和各相关单位均应明确专人负责应急处置现场的信息报告工作。必要时，总部和各级单位可直接与现场信息报告人员联系，随时掌握现场情况。

第五十二条 建立健全突发事件预警制度，依据突发事件的紧急程度、发展态势和可能造成的危害，及时发布预警信息。

公司预警分为一、二、三、四级，分别用红色、橙色、黄色和蓝色标示，一级为最高级别。公司各类突发事件预警级别的划分，由相关职能部门在专项应急预案中确定。

第五十三条 通过预测分析，若发生突发事件概率较高，有关职能部门应当及时报告应急办，并提出预警建议，经应急领导小组批准后由应急办通过传真、办公自动化系统或应急指挥信息系统发布。

第五十四条 接到预警信息后，相关单位应当按照应急预案要求，采取有效措施做好防御工作，监测事件发展态势，避免、减轻或消除突发事件可能造成的损害。必要时启动应急指挥中心。

第五十五条 根据事态的发展，相关单位应适时调整预警级别并重新发布。有事实证明突发事件不可能发生，或者危险已经解除，应立即发布预警解除信息，终止已采取的有关措施。

第六章　应急处置与救援

第五十六条 发生突发事件，事发单位首先要做好先期处置，立即启动生产安全事故应急救援预案，采取下列一项或者多项应急救援措施，并根据相关规定，及时向上级和所在地人民政府及有关部门报告。

（一）迅速控制危险源，组织营救受伤被困人员，采取必要措施防止危害扩大；

（二）调整电网运行方式，合理进行电网恢复送电。遇有电网瓦解极端情况时，应立即按照电网黑启动方案进行电网恢复工作；

（三）根据事故危害程度，组织现场人员撤离或者采取可能的应急措施后撤离；

（四）及时通知可能受到影响的单位和人员；

（五）采取必要措施，防止事故危害扩大和次生、衍生灾害发生；

（六）根据需要请求应急救援协调联动单位参加抢险救援，并向参加抢险救援的应急队伍提供相关技术资料、信息、现场处置方案和处置方法；

（七）维护事故现场秩序，保护事故现场和相关证据；对因本单位问题引发的、或主体是本单位人员的社会安全事件，要迅速派出负责人赶赴现场开展劝解、疏导工作；

（八）法律法规、国家有关制度标准、公司相关预案及规章制度规定的其他应急救援措施。

第五十七条 根据突发事件性质、级别，按照"分级响应"要求，总部、相关分部，以及相关单位分别启动相应级别应急响应措施，组织开展突发事件应急处置与救援。

第五十八条 发生重大及以上突发事件，专项事件应急处置领导小组协调指导事发单位开展事件处置工作；较大及以下突发事件，由事发单位负责处置，总部专项事件应急处置领导小组办公室跟踪事态发展，做好相关协调工作。专项事件应急处置领导小组要将突发事件处置情况汇报应急领导小组。如发生复杂次生衍生事件，公司应急领导小组可根据突发事件处置需要直接决策，或授权专项事件应急处置领导小组处置指挥。

事件发生后，有关单位认为有必要的，可设立由事故发生单位负责人、相关单位负责人及上级单位相关人员、应急专家、应急队伍负责人等人员组成的应急救援现场指挥部，并指定现场指挥部总指挥。现场指挥部实行总指挥负责制，按照授权制定并实施现场应急救援方案，指挥、协调现场有关单位和个人开展应急救援；参加应急救援的单位和个人应当服从现场指挥部的统一指挥。现场指挥部应完整、准确地记录应急救援的重要事项，妥善保存相关原始资料和证据。

第五十九条 事发单位不能消除或有效控制突发事件引起的严重危害，应在采取处置措施的同时，启动应急救援协调联动机制，及时报告上级单位协调支援，根据需要，请求国家和地方政府启动社会应急机制，组织开展应急救援与处置工作。

在应急救援和抢险过程中，发现可能直接危及应急救援人员生命安全的紧急情况时，应当立即采取相应措施消除隐患，降低或者化解风险，必要时可以暂时撤离应急救援人员。

第六十条 公司各单位应切实履行社会责任，服从政府统一指挥，积极参加国家各类突发事件应急救援，提供抢险和应急救援所需电力支持，优先为政府抢险救援及指挥、灾民安置、医疗救助等重要场所提供电力保障。

第六十一条 事发单位应积极开展突发事件舆情分析和引导工作，按照有关要求，及时披露突发事件事态发展、应急处置和救援工作的信息，维护公司品牌形象。

第六十二条 根据事态发展变化，公司及相关单位应调整突发事件响应级别。突发事件得到有效控制，危害消除后，公司及相关单位应解除应急指令，宣布结束应急状态。

第七章 事后恢复与重建

第六十三条 突发事件应急处置工作结束后，各单位要积极组织受损设施、场所和生产经营秩序的恢复重建工作。对于重点部位和特殊区域，要认真分析研究，提出解决建议和意见，按有关规定报批实施。

第六十四条 公司及相关单位要对突发事件的起因、性质、影响、经验教训和恢复重建等问题进行调查评估，同时，要及时收集各类数据，按照国家有关规定成立的生产安全事故调查组应当对应急救援工作进行评估，并在事故调查报告中作出评估结论，提出防范和改进措施。

第六十五条　公司及相关单位要及时收集、整理突发事件应急处置过程中产生的包括文本、音视频等在内的档案资料，确保齐全完整，并建立档案应急案例资源库，及时归档，为以后的应急处置工作提供参考依据。

第六十六条　公司恢复重建要与电网防灾减灾、技术改造相结合，坚持统一领导、科学规划，按照公司相关规定组织实施，持续提升防灾抗灾能力。

第六十七条　事后恢复与重建工作结束后，事发单位应当及时做好设备、资金的划拨和结算工作。

公司及相关单位应对在生产安全事故应急救援中伤亡的人员及时给予救治和抚恤；符合烈士评定条件的，按照国家有关规定向地方政府申报烈士。

第八章　监督检查和考核

第六十八条　公司建立健全应急管理监督检查和考核机制，上级单位应当对下级单位应急工作开展情况进行监督检查和考核。

第六十九条　公司各单位应组织开展日常检查、专题检查和综合检查等活动，监督指导应急体系建设和运行、日常应急管理工作开展，以及突发事件处置等情况，并形成检查记录。

第七十条　公司各单位应将应急工作纳入企业综合考核评价范围，建立应急管理考核评价指标体系，健全责任追究制度。

第七十一条　公司将应急工作纳入安全奖惩制度，对应急工作表现突出的单位和个人予以表彰奖励。

有下列情形之一的，追究相关单位和人员责任：

（一）未制定生产安全事故应急救援预案；

（二）未将生产安全事故应急救援预案报送备案；

（三）未定期组织应急救援预案演练；

（四）未对从业人员进行应急教育和培训；

（五）主要负责人在本单位发生生产安全事故时不立即组织抢救；

（六）未对应急救援器材、设备和物资进行经常性维护、保养，导致发生严重生产安全事故或者生产安全事故危害扩大；

（七）在本单位发生生产安全事故后未立即采取相应的应急救援措施，造成严重后果；

（八）未建立应急值班制度或者配备应急值班人员；

（九）其他违反应急相关法律、行政法规规定。

第九章　附　　则

第七十二条　本办法依据下列法律法规及相关文件规定制定：

《中华人民共和国突发事件应对法》（中华人民共和国主席令第 69 号）；

《中华人民共和国安全生产法》（中华人民共和国主席令第 13 号）；

《中华人民共和国网络安全法》（中华人民共和国主席令第 53 号）；

《生产安全事故应急条例》（中华人民共和国国务院令第 708 号）；

《安全生产事故报告和调查处理条例》（中华人民共和国国务院令第 493 号）；

《电力安全事故应急处置和调查处理条例》（中华人民共和国国务院令第 599 号）；

《国家突发公共事件总体应急预案》（国务院 2006）；

《国家网络安全事件应急预案》（中网办发文〔2017〕4 号）；

《生产安全事故应急预案管理办法》（中华人民共和国应急管理部令第 2 号）；

《国务院关于加强应急管理工作的意见》（国发〔2006〕24 号）；

《国务院办公厅关于加强基层应急队伍建设的意见》（国办发〔2009〕59 号）；

《国务院办公厅关于加强基层应急管理工作的意见》（国办发〔2007〕52 号）；

《国务院办公厅转发安全监管总局等部门关于加强企业应急管理工作的意见》（国办发〔2007〕13 号）；

《突发事件应急预案管理办法》（国办发〔2013〕101 号）；

《电力企业应急预案管理办法》（国能安全〔2014〕508 号）；

《电力企业应急预案评审与备案细则》（国能综安全〔2014〕953 号）；

《国务院办公厅关于印发国家大面积停电事件应急预案的通知》（国办函〔2015〕134 号）；

《中共中央国务院关于推进安全生产领域改革发展的意见》（2016 年 12 月 9 日）；

《国务院办公厅关于印发安全生产"十三五"规划的通知》（国办发〔2017〕3 号）；

《国家能源局关于印发〈电力行业应急能力建设行动计划（2018—2020 年）〉的通知》（国能发安全〔2018〕58 号）；

《生产经营单位生产安全事故应急预案编制导则》（GB/T 29639—2013）。

第七十三条 本规定由国网安监部负责解释并监督执行。

第七十四条 本办法自 2019 年 10 月 18 日起施行。原《国家电网公司应急工作管理规定》[国家电网企管〔2014〕1467 号之国网（安监/2）483—2014]同时废止。